PLANTES PORTE-BONHEUR

大自然的精神

对于我们普罗众生而言，世俗的生活处处显示出作为人的局限，我们无法逃脱不由自主的人类中心论，确实如此。而事实上，人类的历史精彩纷呈，仿佛层层的套娃一般，一个个故事和个体的命运都隐藏在家族传奇或集体的冒险之中，尔后，又通通被历史统揽。无论悲剧，抑或喜剧，无论庄严高尚、决定命运的大事，抑或无足轻重的琐碎小事，所有的生命相遇交叠，共同编织"人类群星闪耀时"的锦缎，绘就丰富、绚丽的人类史画卷。

当然，这一切都植根于大自然之中，人类也是自然中不可或缺的一部分。因此，每当我们提及"自然"，就"自然而然"地要谈论人类与植物、动物以及环境的关系。在这个意义上说，最微小的昆虫也值得书写它自己的篇章，最不起眼的植物也可以铺陈它那讲不完的故事。因之投以关注，当一回不速之客，闯入它们的世界，俯身细心观察，侧耳倾听，那真是莫大的幸福。对于好奇求知的人来说，每样自然之物就如同一个宝盒，其中隐藏着无穷的宝藏。打开它，欣赏它，完毕，再小心翼翼地扣上盒盖儿，踮着脚尖，走向下一个宝盒。

"植物文化"系列正是因此而生，冀与所有乐于学习新知的朋友们共享智识的盛宴。

塞尔日·沙

幸运植物

PLANTES PORTE-BONHEUR

韦罗妮克·巴罗 著
张之简 译

生活·讀書·新知三联书店

目　录

前言

所有幸运围绕我们身边

我记得小时候，大半天趴在草地上寻找四叶草，以我孩童的天真想法，相信找到这件宝物就等于获得实现所有愿望、让自己心想事成的魔法棒。我记得我家花园里盛开的铃兰花，我天天去看花圃，迫不及待地想在5月1日之前采到铃兰，送给祖父母。我还记得，只有在圣诞节期间才采集冬青放在屋子里，父母提醒我小心年复一年爬到烟囱上的带刺树叶。

对于幸运植物，谁没有相关的记忆和联系？即使现在的人不像过去那样相信植物的效力，仍然有很多人在细节之中不经意间流露出对植物的迷信。触碰木头，在5月1日赠送铃兰花枝，新年的时候在槲寄生下面拥抱，购买和养殖所谓的四叶草……

必须承认，延续这些友善而喜庆的美好传统，真是一件让人心动的事情。况且尝试一下毫无损失，说不定有意外之喜呢！“总不会有坏处！”有的人会这样想。在我写作本书之前，我也是这样想的……我顺理成章地认为，幸运植物从它们的定义上来说绝不会带来坏处。然而，这个世界上的事情从来不会如此简单！别慌，我很幸运地发现了古老的仪式，让那些带来运气的植物不会变成招致噩运的植物。我已经在本书中郑重其事地记录下这些仪式！

我们关于幸运植物的知识随着时代的推移而日渐稀少。很多常见植物带有无可置疑的功效，我们的祖先曾经把希望寄托在它们上面。当我们重复古已有之的做法时,往往忽略其本源和意义。多少家庭在过节的时候购买圣诞树，却怀疑圣诞树放在房子里，能在某种情况下给居住者带来幸福的昔日说法？

一方面是对过去的不了解，另一方面却是多少带有迷信和秘传色彩的现代行为，推动世界各地的人们求助于幸运植物。有些做法在数百年间没有发生大的改变，似乎远古得无法追忆。用大蒜驱逐吸血鬼可能是其中最为知名的一个例子。

还有一些做法随着时代变迁发生些许变化，例如蒙彼利埃植物园的许愿树。这株已经存活400年的欧女贞属植物的树干上有许多天然孔穴，被塞进很多写着心愿的小纸条。除了传统的爱情心愿，还有对学业成功的期望。这说明植物仍然得到厚望，被认为具有对人有益的效力，好处在于，有更多的故事可以讲了！

韦罗妮克·巴罗

幸运物和人类

幸运物小史

狭义的幸运物

膜拜物、辟邪物、吉祥物、护身符……无论在哪里，无论在什么时代，人们都喜欢佩戴据说能带来好运的各种物件。令人吃惊的是，这个为全球普遍接纳的幸运物的概念，直到1876年才出现在法语辞典里，然而用来表达这一概念的词语“porter bonheur”（带来幸运）及上述同义词，早在此前一百多年前就出现了。当时的定义在现在看来也够古怪的，因为它仅是指一种据说能为主人带来好运的七环手镯。

在俗语里面，这类的配饰物也被称作“porte-veine”（带来运气）和“porte-chance”（带来好运）。1874年8月，马拉梅是这样描述巴黎当年的流行风气的：“人人都在胳膊上戴着手镯，有纯金的，有装饰着珍珠和绿松石的……”“整件手镯环绕手臂七次”，《法兰西学

幸福的价值在于分享。

倒霉先生

如果世界上有哪个人需要幸运物的全副武装，那这个人一定是让-弗朗索瓦·达罗，法国最大的倒霉鬼。截至2011年3月，他总共遭遇35次事故，接受45次手术，住院1895天，打石膏1095天，3次昏迷不醒，3次颅部受伤，而且瘫痪6个月！

术院词典》迟至第八版（1932—1935）才将幸运物的概念扩展至包括四叶草在内的多种物品。世易时移，这些权威词典当中的定义却仍然惜墨如金，差强人意。好在对民间信仰的研究能够让人形成更为明确和有益的概念。

幸运物的两种效力

迷信的看法认为，所有的幸运物都具有一两种善功。其一在于防止灾祸的作用（避免疾病和事故，驱散噩运……），与护身符所具有的防止不幸未来的作用相同。这些粗制滥造、毫不起眼的东西，隐藏着令人生畏的功效。一瓣大蒜能击败所有吸血鬼，这就是明证！幸运物的第二种效力是改善当前命运（提升桃花运和赌运……），更接近吉祥物的概念。辞旧迎新之际，中国人在房门上挂起桃符（原文意为桃木人偶。——译注），起到驱邪的作用，就是一个例子。然而，很多带来运气的植物类“吉祥物”并不需要进行加工。因而，在英国，把一束白欧石南花插在一个老酒鬼的锡制酒杯里，就可以带来好运。这样做距离纵容酗酒可只有一步之遥哦！

更明确的解释

幸运物（Porte-bonheur）
让拥有者避免不幸以及/或者改善命运的物品。

护身符（Amulette）
基本或完全未加工、天然具有护持作用的物品。

辟邪物（Talisman）
能够改善当前命运的物品。通过加工改造，并以某种仪式神圣化，获得超自然效力。

膜拜物（Gri-gri或fétiche）
引来好运、远离灾祸的物品。这两个词最早仅用于非洲迷信。随着时间推移，其定义扩展至所有幸运物品，跨越了国界。

使用科学方法可以救人，然而从此魔法就不再起作用了。

幸运物沿革

广泛存在的幸运物

完全可以拍着胸脯说，史前墓葬内发现的各种镂刻钻孔的石块、动物牙齿和贝壳是被当作护身符的。每个国家、每一种文明都出现过幸运物。虽然随着时间流逝，迷信逐渐减弱，但是仍可以发现有些信仰穿越古今、跨越遥远的地区而保存下来。我们举护身香囊作为例子。公元 5 世纪，欧洲人在香囊里塞满植物，用来辟邪。这一传统经久不衰；早在此之前，德鲁伊祭司（druide，是古代凯尔特部落中的祭司。——译注）便出于同样的目的，建议人们在颈项上佩戴含有槲寄生粉末的香囊。迟至晚近的 20 世纪 80 年代，阿尔及利亚

硬币上钻孔可以防止破财？

钻孔的硬币

太太，给您一枚硬币。显而易见，这枚钻孔的硬币能给您尘世间的一切幸福，在您手指间闪耀之前，它却让您心烦意乱。

这硬币有何用处？

是不是饿死的穷汉拥有的最后一分钱，甚至换不来最后一杯酒？或是用来购买一块面包，那是一位母亲在窄仄的陋室分给家人的最后食物？

您还疑心，要是毫无顾忌或畏惧地留下它，这枚小小的发黄硬币尽管上面有钻孔，却是施舍的零钱。

别担心！这枚硬币能带来各种好运，特地为您钻了孔。那就更妙了，打开吧！这么多护身符都是您的。

瓦尔格拉地区的人，同样让孩子佩戴装有钉子和艾蒿的香囊，据说这样可以让恶灵远远避开。

不安全感

任何无法逆料的窘况都使人产生不安全感。在这样的处境下，使用幸运物品，是一种把握命运的尝试。生活在悲怆事变（战争、自然灾害）的集体痛苦时期的人，幸运物的使用变得愈发流行。同样，从事某些处境危险职业的人，基于保护自身和带来好运的意识而佩戴幸运物，如水手、矿工和农民，他们每天面对危险作业，辛苦劳动的报偿要依赖外在因素（天气情况、岩石的状况、有害动物的侵扰……）。此外，虽然很少有人承认，然而很多高水平的运动员、演员和政治家至今仍喜欢佩戴幸运物。

漂亮的皮肤，真是好运气。鉴于很多乳霜的成分，它简直像幸运兔脚（兔脚在很多地区被当作幸运物。——译注）一样。

比心理暗示更有效

你不相信幸运物的作用？你大错特错了！身处紧张环境之中，佩戴护身符可起到缓解焦虑的作用，并可通过无意识的自我暗示方式，帮助我们实现自己的期望。有些运动员在每次比赛之前，都要完成一套据说能够带来好运的仪式，他们以此成功排解焦虑情绪，并因此在竞赛中更具效率。结论是，你越相信幸运物，就有越多机会实现预期！遗憾啊，这一准则对于中彩票这样的偶然性事件完全无效……

曾有一段时期，马蹄铁也需定量配给。真是不幸！

O. C. R. P. I.
SECTION DES PRODUITS FINIS
1, Boulevard Haussmann, PARIS-9e

A 11 — 751

FERS A CHEVAL

TICKET № 0828776
Valable jusqu'au 31 Décembre 1947
pour VINGT KILOS de
FERS A CHEVAL

La loi punit d'emprisonnement et d'amende quiconque falsifie, fabrique illicitement, met en circulation ou utilise irrégulièrement un titre de répartition.

Le Répartiteur,

幸运物的不同种类

除了后文将会提到的天然产物之外，吉物、数字、言语和行为都可以带来好运,世界各国的人们都制作各种各样的辟邪物和护身符。

有些来自日常生活的物品，比如马蹄铁或水手帽上的绒球，最初并不是作为幸运物而为人们出产的，但是大多数的护身符，比如首饰、经符（魔法或宗教经文）、圣像和神像，则是完全出于幸运、护身这一目的而制作的。

VENDREDI 13

par

GASTON DERYS

Ce mois de Mai s'annonce comme particulièrement terrible : non seulement il sera illuminé par une comète au sujet de laquelle M. l'Abbé Moreux nous a rassurés en nous l'expliquant. Mais, de plus, le 13e jour de Mai est un vendredi. M. Gaston DERYS en profite pour évoquer les vieilles superstitions qui s'attachent au vendredi 13 et les méfaits légendaires qu'on lui attribue.

Le 13 mai tombe, cette année, un vendredi. Gros sujet d'émoi pour les personnes superstitieuses !

Cette année, elles se sont réjouies de ce que nous n'aurions qu'un seul vendredi 13, alors que le calendrier nous en réserve généralement deux. Ceci diminuait de cinquante pour cent les craintes d'événements néfastes. Coupable frivolité ! Les malheureux n'ont pas pris garde que ce vendredi-là tombe en mai.

Or, la date de vendredi 13 mai est quadruplement fatidique : elle comporte, en effet, ce vendredi et ce 13 dans un mois commençant par la treizième lettre de l'alphabet, et l'ensemble des lettres et des chiffres qui la composent forme un total de treize signes !

Il y a là de quoi trembler, pour tous ceux que le vendredi 13 remplit de terreur. Et ils sont légion. Certains esprits forts qualifient cette superstition de ridicule. Mais ceux qui s'y assujettissent peuvent répondre que sa source remonte aux premiers frissons de la pensée humaine.

De tout temps, en effet, on inventa des prétextes de craintes surnaturelles. N'y avait-il pas, à Rome et à Athènes, des jours néfastes, pendant lesquels on n'entreprenait rien d'important ?

Chez les peuples chrétiens, le vendredi inspira toujours une profonde frayeur. Cette superstition, aujourd'hui, sévit non seulement dans les campagnes, mais encore dans le Paris du xxe siècle. La statistique établit que chaque vendredi les recettes des entreprises de transports en commun subissent une diminution importante, qui va, lorsque le vendredi tombe un 13, jusqu'à trente et quarante pour cent. Ce qui démontre que ces jours-là une bonne partie de la population, redoutant de malévoles influences, suspend ses affaires.

∴

L'origine de ces superstitions est clairement établie.

C'est parce que Jésus mourut sur la croix un vendredi que les chrétiens considèrent ce jour comme « néfaste ». De plus, dans le dernier repas que le Nazaréen prit avec les douze apôtres, la treizième place était occupée par Judas. D'où la mauvaise renommée du nombre treize.

Il faut reconnaître que de nombreux événements ont, dans le cours de l'histoire, justifié les appréhensions des personnes superstitieuses touchant les vendredis et les treize.

Henri IV et le président Carnot, qui devaient périr de façon analogue, naquirent un 13. Henri III, qui tomba sous les coups de Jacques Clément, fut sacré un 13.

Le premier Carnot naquit un 13.

人们一年到头都承受压力，尤其是碰到13号星期五。

幸运物：矿石和动物

动物

野生和家养动物提供了很多耳熟能详的幸运物：瓢虫落在幸运者的身上，能让他未来几个月交上好运。猪象征繁荣富足，在欧洲和远东都化身为护身符。然而无论过去还是现在，很多动物都为了给我们带来幸福而被杀死。挂在畜栏的门上、用以祛除噩运的猫头鹰，还有挂在钥匙链上的兔脚，都是其中一些悲惨的例子。肉体、骨骼、脂肪、内脏、毛皮……动物们身体的每一部分都没有受到信仰的宽待。佩戴鹿角锹甲虫的头甲，是期盼能带来财运，同样常见的做法是在符合应召入伍条件者的袖口缝一只活蜘蛛，据说这样做能够防止被招募！迷信的人有时候很喜欢采集一些自然掉落的动物身体部位，如蛇的蜕皮，据说它能带来很强的幸运效力。还有鹿角，挂在壁炉上可让房子避免遭到雷击。蟋蟀也是住宅中不可缺少的幸运动物。在小笼子里放一只蟋蟀，据说可以驱赶一切对居住者不利的人，无论是巫师还是差役。

举着四叶草的猪，幸运物的叠加，功力倍增。

被诅咒的钻石

"希望"(Hope)是一颗缅甸钻石的名字，据说它给历代拥有者及其亲人不断带来噩运。破产、终身监禁、自杀、死于非命或不明原因……从中世纪直到1967年，它带给很多人一长串的灾祸，其中有路易十六以及与泰坦尼克号一起沉入大海的爱德华·麦克莱恩。

(作者所指似乎是曾经拥有这颗钻石的Edward Beale McLean，但他并非泰坦尼克号的遇难者，此处似有误。——译注)

矿石

海蓝宝石可以保护爱情。缟玛瑙可以帮助通过考试和打赢官司。玉石有助于赌场得意，还能预示身体病恙。绿松石可以防止跌落、事故和刺杀企图……形形色色的宝石足够满足我们各种消灾祈福的愿望。但效力最强的还是钻石。钻石纯粹而璀璨，仅在它身上就凝聚了众多功效。钻石的拥有者是幸运的，因为他不必再害怕巫师、鬼魂、危险的野兽、毒药、瘟疫、着魔和一切疾病！

不那么幸运的人也大可放心，较普通的矿石也具有带来好运的功效。把一块普通石子抛掷或寄放在小礼拜堂或墓地，是一种有效的保护措施，相当于佩戴自然穿孔的石子。根据迷信的说法，自然穿孔的石子也能够很好地抵御疾病、巫术和霉运。

预言的鸣叫

听到母鸡像公鸡一样打鸣，预示夫妻之间将会吵架，甚至死亡。为了改变噩运，马赛人会把母鸡的头砍下来，钉在鸡舍的门上。这摆明是杀鸡儆"鸡"！

集齐五只蟋蟀，可以召唤一切好运。

异教信仰

每到春天，各种植物仿佛从冰冷季节的死亡中重生过来。作为力量和新生的象征，植物被人类赋予众多良善的品格。远溯到古代时期，国王和祭司头戴花冠抵御邪恶力量。后来，在 17 世纪的英国，在居室内摆放一枝迷迭香，可以祛除妖术，给主人带来好运。而根据欧洲的迷信传说，某些特定日期能够倍增植物的奇异力量，比如五月一日节和圣约翰节（基督教节日，也叫夏至节，在每年的 6 月 24 日庆祝。——译注）。

五月一日节

由于这一天意味着春天的回归，欧洲人用盛大的庆典来庆祝五月一日节，祈求好运和丰收。在瑞士、俄罗斯和法国，一个身着绿色草木服饰的人向春天的到来致敬，罗马人则在地上竖起一株枝叶繁茂、插满鲜花的灌木，向唤醒春天的女神表达善意。此外，4 月 30 日到 5 月 1 日的夜晚是巫师和鬼神尽情狂欢的四个夜晚之一。人们既要抵御它们的侵扰，

欧活血丹必须在圣约翰节采摘，才能保证其效用。

最长的白天

这个来自异教传统的节日曾经是为了庆祝 6 月 21 日的夏至（一年之中最长的白天和最短的夜晚），象征光明对黑暗的胜利。奇怪的是，庆祝活动从来没有放在夏至当天，而是出于宗教目的安排在 6 月 23 日到 24 日之间的夜晚。

又要庆祝植物的复苏和获得大自然的生命力。在法国从 16 世纪开始，5 月 1 日那天人们都要在衣服上佩戴一枝生出绿叶的小树枝。在某些地区，不遵守这个习俗的人会遭到处罚，需要支付罚金，甚至被劈头浇一桶水。

圣约翰节

圣约翰节庆祝夏至日，在《圣经》中，施洗者圣约翰被描写为至善的先知。他之所以如此有名，是因为预言了拿撒勒的耶稣的诞生，并提议为希望洗涤自身罪孽的人在约旦河进行洗礼。在这条河边，他为上帝之子施洗，后来把自己的弟子交托给耶稣。犹太总督下令处死约翰，因为他抨击总督引诱兄弟的妻子。

圣约翰节

据说某些植物在圣约翰节的时候具有最强的能力，因此要在这天寻找具有药用和预防作用的植物。但根据各地的不同说法，“圣约翰之草”的数量从 5 种到 222 种不等。而且在不同的地区，采摘这些植物的时间，有的在 23 日夜晚，有的在当天黎明或中午。虽然存在这些差异，但在哪些主要植物种类具有强大效力的说法上，认识基本一致。马鞭草、欧洲鳞毛蕨、金丝桃、蓍草、欧活血丹、百里香、亚洲百里香、茴香都是具有强大效力的植物。无论何种植物，只要从圣约翰节的篝火上面扔过去，都被赋予相同的效力。这种做法的目的是净化植物，让它发挥预防的作用。这些幸运植物通常被扎成花束、十字、桂冠或花纹装饰，悬挂在住宅或畜栏上。这样做据说能给居住者带来好运，使其人生兴旺发达，同时可防止雷击、疾病和巫术。

最长的一日，也是迷信者最满怀希望的一天。

教会进退两难

徒劳无功的禁令

耶稣诞生之后的最初几个世纪，基督教会对于崇拜圣树、祈求植物和把绿枝当作护身符来佩戴的行为，做了坚决的斗争，因为它这些行为是德鲁伊和异教迷信的残余。教会对这些陋俗的打击从未停息，希望能斩草除根。由于这些迷信行为根深蒂固，仍有神职人员精心制作并出售经祝圣的辟邪物。在公元4世纪，教会勒令神职人员停止这种亵渎宗教的行为，并禁止佩戴护身符的人进入教堂。这些禁令虽然削弱了当时的习惯，但并没有根除这些做法，相反，类似的做法仍然持续了数百年。为增强植物带来幸运的效力，迷信者常常把他们的符咒放在教堂的祭坛上，希望让它们浸淫在神圣的气息中。波兰人常常把塞满钱币和亚麻籽的瓶子放在圣像高悬的祭坛上，希望这样做能够带来财运。把植物和宗教因素联系在一起，在世界各地都被认为可以带来好运。因此，人们在宗教庆典行列中拾取花束，用以预防雷电和火灾；把浆果金丝桃的脱水花瓣夹在祈祷书里，希冀带来好运气；少女把四叶草浸在圣水里，期盼获得爱情。

四盗贼醋（le vinaigre des 4 voleurs，是一种用醋浸泡多种香料和药材制成的药剂，具有防腐作用。——译注）及其具有净化作用的植物气息对于防治瘟疫颇为灵验。

爱尔兰的象征

传说圣帕特里克用车轴草的每一片叶子做比喻，向爱尔兰的异教徒国王解释三位一体的奥义。为了纪念这位圣人，爱尔兰把车轴草作为国家象征。有植物学家认为，在被车轴草取代以前，白花酢浆草才是爱尔兰的真正象征。

防瘟疫的靠垫

为了预防肆虐欧洲的瘟疫，人们制作塞有植物枝条、圣像和红绶带的小袋子。

普通的车轴草受到爱尔兰人的珍视，魁北克圣爱德华市的教堂特地把四叶的车轴草束放置在祭坛上，以供去国怀乡的爱尔兰人瞻仰。这些吉祥植物得到细心保存，可以存放到来年。

得到教会承认的吉祥植物

仅有数种珍贵的植物护身符得到教会高层的正式认可。有在宗教节庆中受到祝圣的植物，有在朝圣地出售的草类，还有教士的肩衣中存放的植物。缝在教士袍上的小布袋里，塞着“圣约翰节前夜采集的植物、祈祷用品、棕枝主日（棕枝主日或称为“主进圣城节”，是纪念耶稣最后一次进入耶路撒冷城的基督教节日，这个节日在复活节前一周的星期日。——译注）受到祝圣的橄榄叶……”在棕枝主日弥撒中，黄杨、月桂、油橄榄和棕榈的枝条受到神甫的祝圣，往往当作幸运物被妥善保存一整年。

棕枝最初是使用棕榈枝，不过油橄榄枝和黄杨枝也可以用。

Entrée triomphale de Jésus dans Jérusalem.

带来幸运的植物材料

幸运植物的种类非常丰富，包括植物的各部分，从根茎到果实，都可能具有幸运功能。有四种材料从中脱颖而出，无论来源于何种植物都能保持其本身的属性，这四种材料就是木材、木炭、灰烬和琥珀。

木材

谁从来没有触碰木头，同时念念有词，用这种方法来祛除噩运？无论是出于自觉的迷信心理还是宁可信其有的想法，这种做法古已有之，现在还非常流行。戳破树干会流出血液和眼泪一样的汁液，而且树木享寿长久，高高耸入神圣的天空，因此人们认为树木里藏着神圣的灵魂。例如，轻轻触碰栎树的树干，能够把自己的衰弱传递给树木，同时从树木中获得恩惠。

在中世纪，某些宗教场所强化了这种迷信，因为这些场所声称拥有钉死耶稣的“真十字架”残片。触碰这些圣物保证可以获得好运和成功。喜欢夸海口的人害怕他们的过度乐观会触犯上帝，有损自己的命数，因此寻求这些圣木的庇护，希望弥补自己的过错。现

普罗旺斯小麦

12月4日（圣白芭蕾日）把这种小麦种在小钵子里，预示来年财运兴旺，如果它生长迅速而挺直，那就更是好兆头了。在主显节（1月6日）把它烧掉，并把灰烬撒在菜园的四角，可以获得好收成。

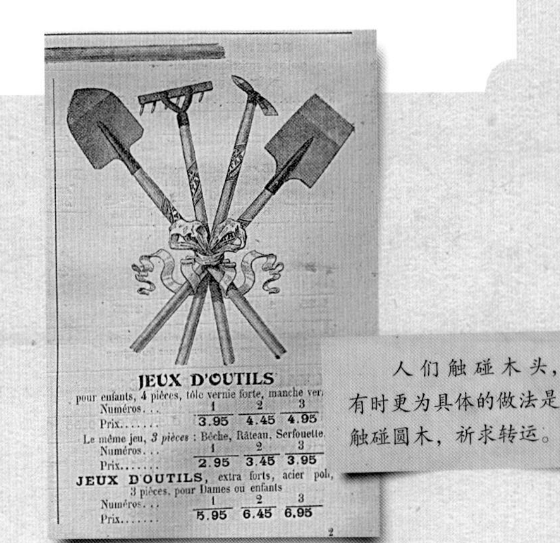

人们触碰木头，有时更为具体的做法是触碰圆木，祈求转运。

死亡的威胁！

在美国，在忏悔星期二（西方的一个节日，在四旬斋前的最后一日，通常以狂欢来庆祝。——译注）的当晚或次日收集灰烬不是一件好事。如果当晚收集，你会走向死亡；如果第二天收集，将很快有一名亲人过世……

在这样的做法仍然存在，并且扩大到一切木头，甚至脑袋上面！但是最好触碰油橄榄木和雪松木，因为它们是制作耶稣十字架的木材。除此之外，在口袋里放一小块木头，有时还用一块布头包裹着，也可以给自己带来好运气。14—18 世纪的瑞士士兵从来不会摘下这种护身符。

木炭和灰烬

从圣约翰节的篝火或圣诞夜燃烧的木柴中取得的木炭，对命运有吉祥的影响力。我们强烈建议所有过于焦虑的人长期携带一小块木炭。因为迷信的说法认为，带上这个就不必担心考试、溺水、巫术、战乱和任何其他不幸！如果你有幸在路上发现一块木炭，记住要用右手把它捡起来，同时保持双足并拢。把木炭从左肩上越过扔出去，小心不要让它碰到任何障碍物，然后向前走，绝不能回头看。在多种迷信传说中都有扔木炭这种仪式。在法国弗朗什-孔泰地区，出现雷雨天气的时候，把一块圣诞节烧剩的木炭扔过自家房顶，可以防止雷击。最后一个小窍门留给希望在新年标新立异的人，午夜过后，跨过主人家的门槛时，送给他们盐、木炭和一枚硬币。根据英国人的传统，木炭象征着对来年的热烈祝福。

洛克马里亚凯的巨石遭到雷击，在它的顶部一定没有长生草！

琥珀

植物

这种树脂化石来源于植物，呈黄褐色。分布在欧亚大陆（波兰、西伯利亚地区、立陶宛、黎巴嫩等地，最大的矿藏位于波罗的海周边地区）、美洲（多米尼加、墨西哥、加拿大……）和非洲（埃塞俄比亚）。欧洲琥珀来自4000万年前生长在欧洲北部的多种松柏门植物（统称为 *Pinus succinifera*）。有些研究者认为其他种类的树木也对琥珀的形成做出了贡献。

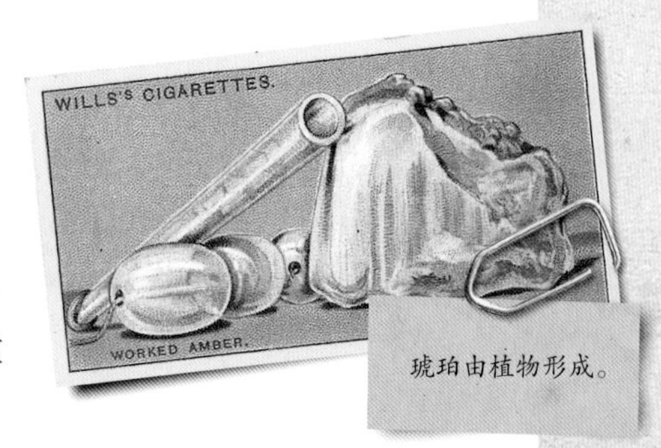

琥珀由植物形成。

琥珀为古生物学家提供了可贵的帮助，保存下来很多化石。

史前的复活

很多植物残片（草类、花朵、花粉……）、昆虫和动物残肢（蜥蜴尾、动物骨骼）被包裹在树脂中，得益于琥珀的快速干化过程而保留下来纤维组织。科学家找到保存完好的DNA残存，但数量并不足以克隆出已经灭绝的动物。电影《侏罗纪公园》以上述科学发现为依据表现的恐龙复活场面似乎无法成为现实，但是研究人员还在继续进行他们的研究和梦想。

在琥珀中发现的最古老DNA属于一种鞘翅目昆虫，生活在大约1.2亿~1.35亿年前的白垩纪早期 。

颜色

火红琥珀、蜜色琥珀、羊绒色琥珀、乳白琥珀、云雾琥珀或皇家琥珀、斑纹琥珀或大理石琥珀……超过百种的命名，表示琥珀的不同色彩以及人们对它的痴迷。通常，黄琥珀中存在一些细微的差异和不同的透明度。暴露在亮光下，它会发生氧化。表面色泽加深，呈红色或褐色，而内部仍保持原本的蜜色。根据暴露在空气中的时间长短以及树脂种类、化石化时期以及容器的不同，琥珀色泽会发生变化。植物杂质给它增加一些绿色的笔触，黑色的点染表明内部或许存在黄铁矿的成分。“多米尼加琥珀”呈现虹色，色泽从黄色到绿色和红色不一而足，还能发出令人称奇的蓝色荧光。

说不出理由的来源

蚁蜡、海鸟的眼泪、陆地上凝结的蒸气、被海洋石化的蜂蜜、深海中聚集的太阳射线、猞猁尿液的凝固……琥珀的古怪之处导致人们长期以来弄不清它的性质归属。琥珀的来源问题（矿物质、植物或动物）引发了众多荒诞不经的迷信说法，你有理由怀疑它，以及围绕它而产生的传说，却无助于解决它的性质问题。在古希腊神话中，赫利阿得斯女神们为自己兄弟的死亡而悲泣不已。她们化身成杨树，从树干上流出树脂，经过数百年时间变成我们今天所看到

切勿混淆!

龙涎香是一种结构柔软的物质，通常呈灰色，散发麝香味，它来自抹香鲸的分泌物，有时漂浮在海面上，有时被冲到某些赤道地区的海岸上。

龙涎香来自动物。人们并不认为它具有带来幸运的功能，但是找到它的人保证能发一笔小财。

的琥珀。在立陶宛，海神因为妻子不忠而愤怒，造成每次暴风雨后都有许多琥珀被冲上海滩。妻子眼睁睁看着情人被杀和琥珀宫殿被摧毁，她的眼泪至今仍然裹挟着建筑的残骸沉淀到沙滩上。

功用

琥珀在某些地方被海水冲到岸边，在另外某些地方则深埋在地下。它温润如玉，并很早就被人发现能够产生静电，因此自从史前时代起就被人视为神的馈赠，蕴含有益的功能。琥珀的磁力——只要摩擦就能吸引轻物——可以吸收佩戴者身上的有害能量，并让佩戴者感到平静安详，保护他的好运。琥珀既能辟邪又可护身，得到所有人的喜爱。

据称天然或经过加工的琥珀能让蛇远避，也能保护水手免遭海

“世界第八大奇迹”的消失

1716年，普鲁士国王腓特烈·威廉一世送给沙皇彼得大帝一座墙上铺满琥珀的、富丽堂皇的房屋。彼得大帝的公主把这座琥珀屋搬到位于圣彼得堡附近沙皇村的夏宫里，成为那里的藏品之一。但是在第二次世界大战期间，纳粹军队掠走了这件不可思议的珍宝，1945年以后它杳无踪迹。苏联人在战后进行过调查，从未找到装有琥珀的箱子。2003年以来，他们按照一张照片和几名见证者的描述，在夏宫重建了这座琥珀屋。这一浩大的重建工程使用了六吨琥珀，其中大部分为德国的捐助。

难，而且能够让人避免一切不幸。立陶宛人会把几枚琥珀放在亚麻袋里，置于床下。而中国人会在琥珀上雕刻动物、花朵或水果，把它佩戴在身上，以祈求兴旺发达、多子多福。在摩洛哥，人们用琥珀制作法蒂玛之手，用以躲避别人的邪眼（mauvais œil，也叫作“恶毒的眼光”或“恶毒力”。——译注）。

你知道吗？今天给小孩佩戴的据说可防止牙痛的项链，在过去也有防止巫术侵害、抽搐和出现视力问题的作用。如果相信这种迷信说法，它真是一件功能完备的法宝！意大利阿尔卑斯山区的农妇们也用项链来防止喉咙生病，如甲状腺肿大或扁桃体发炎。

虽然众所周知琥珀可预防多种疾病，但是它延缓衰老的作用却极少有人知晓。步骤非常简单，你真是幸运啊！让我来给你透露其中的诀窍吧。把 50 克琥珀粉末撒到伏特加里，浸泡 10 天，然后滤出琼浆，在每天早上喝半杯左右。如果此方确实灵验，你将永葆青春美丽，但是可能有一点轻微的酗酒症状……

黄琥珀又名 *succin*。（此名称来自琥珀的拉丁文 *succinum*。—译注）

如果梁上君子（窃贼）光临贵宅，可以把沉重的香橼果实扔到他的脸上，这也是很有效的。

看家护宅的功能

窃贼、雷电、邪眼、疾病……这些不幸可能降临到家宅和家人的身上！幸运的是，植物为我们提供保护，如同我们将在下文中看到的，有时并非不值一哂。

一夫当关！

过去的时候，在屋前种植一株香橼，是阻止入室盗窃的最有效威慑。房主可以放心地出门，绝不会有小偷胆敢光顾，因为他们害怕遭到巨大不幸。为了防止各种擅入家宅的行为，根据你的需要，可以按照英国人的做法，在屋前摆放茶树叶来抵挡恶鬼；或者向波兰人学习，在门槛上摆放笃斯越橘，可以驱散精灵；还可以模仿美国人的迷信做法，在房子下面埋藏咖啡豆用来驱鬼。具有保护作用的植物种类丰富，但你只需要记住一种，我建议你选用生长在住宅旁边的长生草。在法国贝

生长在屋顶上的长生草，绰号“不死草”，还具有观赏作用。

在家里存放黑麦，如果能把黑麦藏得好好的，预示来年一整年交好运。

里地区，这种长生草绰号叫“不死草”，它可以防御疾病、雷电、窃贼和邪眼，同时还可以让家人延年益寿，幸福终老。

祈求好运的办法

用植物饰条来点缀住宅，除了具有装饰作用，还有很多好处。在墨西哥，用芦荟、大蒜、塞着草的小口袋、松子、盐块和圣像编织成的饰条可以给住宅的居住者带来好运。如果你觉得这种装饰过于繁复，可以仅仅用一条细绳把芭蕉花穿成串儿，挂在房屋里。根据迷信的说法，这样装饰可以带来财运兴旺和事业发达。

在壁炉上悬挂花束，也是给住宅内带来蓬勃生机的好办法。加来海峡的阿拉斯人把花束倒悬，这样能让花茎恢复生机，继续开花。花束能保存一年之久，给家人带来很多幸福时光。但是，如果你不希望公开自己的迷信癖好，那么你还可以把黑麦面包藏在住宅的柜子里！俄罗斯人每年都要完成这种仪式，祈求获得好运。

两面性

有些植物具有双重性质。爬藤类植物爬满住宅的墙壁，可以带来好运气。但是要小心这些植物一旦枯萎，即预示财富匮乏。住宅内摆放仙人掌可以祛除噩运。然而，也有人相信摆放这种植物会刺激亲友，在感情上伤害你……你还需要明白，带刺植物都天然具有防护能力。高卢人喜欢在住宅周围种满荆豆，希望它们长成篱笆保护住宅。然而，把一束荆豆带到家里来，会对某位家庭成员不利。

吉祥物品任君选择

适合各种品味

鲜花是慷慨的，它为我们提供多到难以想象的幸运物，可以用在我们生活的每一时刻。你要上法庭？在口袋里放十枚鼠李浆果，可以避免发生任何不愉快的事情。你希望实现某一桩夙愿？小事一桩！身上携带数片风信子的干燥花瓣或刺芹的花果，成功就是你的了。对于喜欢多功能合一的人，只能选择生土豆。土豆虽然看起来毫不起眼，但是放在口袋里可以带来好运气，防止碰到坏人，还能预防风湿。很值得为此放下自己的偏见啊！散沫花的粉末也值得重视，人们通常把它抹在手上或脚上，既可带来好运，又能让人保持健康，还能够有效抵御邪眼和妖怪。

最后，对于所有拿不定主意、不知道该把什么作为优先考虑对象的人来说，出门的时候一定要带一件棉布

节庆的吉祥物品

新年是向亲朋好友表达祝福的时节，在这个时候，吉祥植物被当作能带来好兆头的礼物。古罗马人把一束马鞭草作为贺礼，中国人则很喜欢用一枝带有七片叶子的银扇草。谨小慎微的日本人不空等着别人的祝福，新年的庆祝一开始，他们就在自家住宅的门槛内外各摆放一株松树，以此祈求据称居住在松树上的神祇保佑。

如果有人觊觎一位有钱的女继承人，那么这个人在哪里呢？这还真有点让人困惑。

上衣。如果在这一天你需要谈一笔生意，把棉布上衣搭在右肩上。美国南卡罗来纳州的人们相信，这是事业成功的最佳方法。但如果你脑中想的是获得意中人的倾心，就需要把这件衣服搭在左肩上。

祈愿树

这是纽约哈莱姆区一株榆树的外号，艺术家在登台表演前会在这株树下稍立片刻，祈求好运。市政当局砍伐这棵树以拓宽马路时，树干被切成小块作为幸运物出售。哈莱姆区著名的阿波罗音乐厅拥有一块树干，每位登台演出的艺术家都不会忘记触碰一下这块神奇的木头。

泡澡能保持幸福

大家都知道好好泡个热水澡能够让人身心放松，但你知不知道，泡澡时使用某些植物能带来好运？5月5日这天，要在浸泡十二枚鸢尾花瓣的浴缸里泡个好澡。浸泡这些小小的花瓣，能够祛除巫术，保持身体健康。

而且，日本人有一种迷信说法，这样泡澡可以让你整整一年交好运。如果你遇到棘手的事情，不知道如何解决，我建议你把新鲜的凤梨汁兑在澡盆里。但绝不能多兑，因为这样会让你感到一阵子的欲火中烧。

凤梨，凤梨很好，但是要小心惹上仲裁官司。

凤梨

法国人很喜欢这种异域水果。凤梨树长着硬硬的、又大又长的树叶，正中的位置是树茎，凤梨果实就长在上面，并有一簇叶子覆盖在果实上。路易十五最早下令在凡尔赛蔬菜园的温室里种植凤梨。如今，得益于发达的运输技术，法国人更偏爱来自塞内加尔和安的列斯群岛的凤梨。

SÉRIE B

浴缸里的马拉［让-保罗·马拉（Jean-Paul Marat，1743—1793），法国大革命时期的革命家，被政敌刺死在浴缸里。——译注］，他忘记放鸢尾花瓣了，真是糊涂。

* N° 18. — ASSASSINAT DE MARAT (14 Juillet 1793)

爱情与巫术

爱情天长地久

不能与别人分享的感情，是人们诸多痛苦的源泉。为了获得爱情，谢尔省的少女把浸过圣水的四叶草藏在自己身上。有幸沐浴爱河的人也不该放松警惕。例如，罗马尼亚人在未婚妻的庭院里放置一株冷杉，它的高度恰好是未婚夫的身高，然后众人兴高采烈地围着它唱歌跳舞，祈求一切不幸都远离这对情侣。

如果你有机会游历或居住在佛罗里达，千万不要忘记在圣奥古斯丁的“情侣树”的枝叶下亲吻你的爱人。实际上有两株所谓的“情侣树”，一株棕榈生长在一株年龄超过 125 岁的栎树上面。有一种迷信的说法，情侣在它的荫翳下接吻，可以确保爱情天长地久。

这比在绞刑架下漫步可惬意多了……然而对于维持初生的情愫，没有比拥有绞刑用的麻绳更管用的了。

“绞刑麻绳收集者”的幸福就在这里。

月桂叶的可怕不亚于毒药。

巫毒娃娃

为了慢慢弄死敌人，吉伦特省的人们用大头针把两枚月桂树叶钉成十字，每天 13 点的时候在上面增加两根大头针，同样摆成十字形。等到整个树叶表面钉满大头针，就把它丢到水里，这时被诅咒的人会在极度痛苦中死去。马赛人过去就显得直截了当得多。他们在苹果上扎满针头，希望在敌人的心脏上也戳这么多洞！

巫术

凶神恶煞到处都有，但是请你放心，有很多妙计可以阻止它们的有害影响。最见效的是在身上佩戴一枝新鲜蓍草。口袋里放亚麻籽，裤子的褶边里放黍粒，或者在小袋子里放桤木皮和树枝，也能阻止巫师对你作法。不过，如果你喜欢在旷野闲步，你需要的是一枝欧石南！欧石南似乎可以吓跑很多游荡在这些风啸之地的鬼魂。最后还有喜欢美食的人，如果他们想逃过巫师的折磨，可以（鼓足勇气）呷一杯蒜汁饮料，也可以在复活节吃下一个茴香煎蛋。明白地说，第二个选项既可以让你整整一年避免巫术的伤害，也不必整晚忍受另一半的抱怨……

神甫充当中间人

陷入单相思的阿尔巴尼亚人会送给本教区的神甫一枝四叶草。如果神甫怀有同情心，他会把这枝四叶草放在存放圣饼的圣体盒里，在里面保存 39 天。到第 40 天，神甫为陷入单相思又充满渴望的人祝福，然后把神奇的四叶草还给他们。用这枝四叶草碰一下相思的对象，据说就能产生无法抵挡的诱惑。

赌博、金钱和健康

赌博和侥幸

运气不佳又妒火中烧的人会说，好牌都是作弊。出老千的人则会说这是出于侥幸。规规矩矩又满怀希望的赌博者则喜欢佩戴幸运物，四叶草就是其中之一，早在17世纪就已经大行其道。佩戴四叶草的习俗至今不衰，不过这道护身符面临其他更容易获取的植物的竞争，比如一片小圆木或是一枚琥珀。美国人更信赖四叶重楼的干燥根茎。法国赌场里的赌徒偏爱携带一颗肉豆蔻，或是在触摸纸牌前用果香菊泡水来洗手。沉迷于老虎机的赌徒会在他们钟爱的那部机器上放一枚蒜瓣或一棵麦穗。

钱到这里来！

苜蓿和燕麦是饲料和食物，也象征兴旺发达。把苜蓿或七粒燕麦粒放在口袋里，是获得赌运的好办法。

散发香柠檬气味的钱

人们常说钱能生钱，但是某些植物也具有这种不可思议的能力！举例来说，把穗菝葜的粉末与其他四种经过研磨的香料混合在一起，然后在住宅或店铺里撒遍，如果迷信的说法确有道理，你就能等来意外之财。喜欢拍卖的人要用到蚕豆。古董贩子早已把蚕豆和待售的商品放在一起，从而增加获利。最后

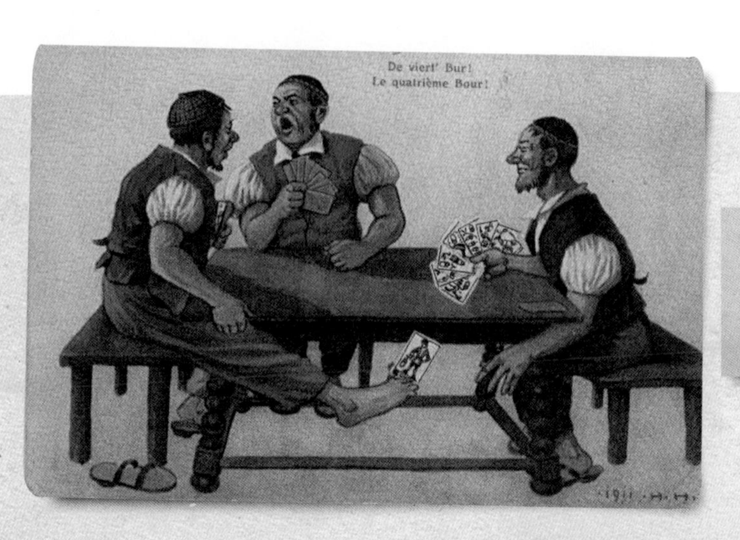

出老千的赌徒有时把夺取好运气的希望寄托在自己的脚底板上。

风险和危害自己承担！

夹竹桃固然美丽，但是意大利人认为在住宅周围栽种夹竹桃，不仅会让居住者遭受贫困，还会体面尽失，甚至出现健康问题。

……尤其是把它的毒汁灌到嘴里。

我要说一个永免金钱匮乏的诀窍：只要把几枚香柠檬叶塞进衣服口袋里就成了！超级简单吧？还有更厉害的呢，把香柠檬汁涂到钞票上，你的纸票子就一定会再回到你手中，即使转手多次。

身体是本钱

人们知道，植物能治疗很多疾病，同时植物具有防病的功能。为了预防发烧，可以在大门上方放一枝犬蔷薇，或者囫囵吞下当年看到的第一朵堇菜花，不能咀嚼，同时眼睛要望向天空！不过最好还是能预防一切疾病。这里有两个小妙方，我们的祖辈曾经用它们来保持身体健康无虞。在壁炉里焚烧几片胡卢巴叶子，或是把当年最早的几片银莲花携带在身上，足以维持一年不生病。

以形补形

过去的医学建立在植物和人体器官相似性的基础上，从中找出新的治病防病办法。食用鹰嘴豆可防疖病。不过，这种方法只在棕枝主日才管用。

如果有一种植物是让赌徒害怕的，毫无疑问是樱桃。[此处为双关，因为法文中的“长柄黑樱桃（guigne）”也有“晦气、霉运”之意。——译注]

经过加工的幸运物

把具有吉祥功能的植物与拥有神奇能力的象征形式联系在一起，可以增强植物的功能。正是这一想法促使全世界的迷信者把不同的植物元素打造成象征性作品。从丰收娃娃到小木雕像，从月桂十字到树叶项链，每件植物制品都是为了加强这些植物本身具有的天然能力。

十字架

由于与基督教的象征无法分割，十字架代表善的力量战胜恶。邪恶势力只要看到十字架就会逃之夭夭，打消恶意。两根麦秸交叉呈十字形，足以抵御巫术。在鲁西永地区，人们在圣约翰节的早上在家门上挂一束鲜花，可以阻挡坏仙女通过。同样在这天，普瓦图地区的人们在门上钉上摆成十字形的胡桃树叶，阻止疾病和忧伤进入家门。除了祛除不幸的能力，摆成十字形状的植物还能带来幸运。爱尔兰人因此在 1 月 31 日把灯心草扎成十字。这些小小的十字架获得祝圣后，被放在住宅和畜栏里，能够为所有家人和

看到即是不幸

所有人造的十字架都能为人带来吉祥，但并非出于自愿而制作或偶然形成的十字架是不祥之物。两个小树枝掉到地上，恰好交叉呈十字形，是噩运的预兆。

小小的创意活动。

牲畜带来福祉。正是看重十字架的保护功能，法国农民过去在 5 月 3 日（寻获十字架节）有个习惯，把经过祝圣的树枝做成十字架竖在自家田地里。他们祈求庄稼能够躲过恶劣天气的摧残，并且增加收成。

圆环

腰带、花环、手镯和项链等，因为是圆环形状的，因而也获得圆形的柔和包围曲线所具有的保护功能。因此，一条简单的海枣手镯或桉树的绿色浆果做成的腰带都可以给佩戴者提供保护和幸福。儿童佩戴大蒜、蜀葵或芍药项链可以预防某些疾病的侵扰。希望避免雷击的成年人，可以在房顶上放置一个滨菊花环。

小塑像

希望通过塑造形象来获得保护，这样的愿望永远不会落空。过去，每逢新年中国人都在大门上悬挂桃木小雕像，用来驱逐妖怪。欧洲的农民过去也用雕像做护身符，尤其喜欢用最后收获的一束小麦制作幸运娃娃。为了提高收成，古希腊人和古罗马人分别在自己的田地里竖立无花果木和柏木制作的普里阿普斯神像，这位神仙掌管繁殖和丰产。

花环在所有文化中都象征吉祥如意，除非是用于丧葬。在丧葬仪式中使用花环，对逝者的幸福而言来得有点迟了。

运气成倍增加

有的植物依靠叶子、花朵或花瓣的数量优势脱颖而出。在这些大自然的奇妙创造当中，人们发现了罕见而珍贵的幸运物。

五片甚至更多如此相似的叶子

必须承认，四叶草的鼎鼎大名让其他拥有五片、六片甚至七片叶子的同类植物黯然失色，甚至被人遗忘。但是这些植物也值得人们去认识。举例来说，圣约翰节的清晨，空腹在田野散步，如果你能找到五叶草，那会是非常走运的。因为迷信认为，这种吉祥植物可以带来财运和桃花运，还有闻所未闻的上佳赌运和打官司的好运！图赖讷地区和诺曼底地区的居民相信，只有在圣约翰节的前夜找到的五叶草才有用处，夜行者们可以测试一下这种说法。这些植物护身符在这个独一无二的夜晚的午夜时刻生长着五片小叶。但是慢吞吞的采摘者要小心，如果无法在时钟敲响

带来不幸的植物

在美国，五叶草象征不幸，没有人敢采摘它。早在1855年的法国中部地区，五叶草的花语也让人喜欢不起来："五指叉开的大耳光"。

实际上，这束植物具有吉祥的象征。

薄荷具有很强的能力

为了化解不幸，加尔省的居民用石盐水喷洒住宅，在此之前石盐水要在月亮下降的夜晚露天放置三个晚上。喷洒工具也非常有讲究，是用一枝迷迭香的茎、一枝水薄荷的细枝、两枝皱叶薄荷的茎和三枝野薄荷的嫩茎做成的。薄荷的爱好者还喜欢加上四枝辣薄荷的细茎、五枝绒毛薄荷（Menthe velue，一种杂交薄荷。——译注）、六枝留兰香（绿薄荷）……

12下前完成采摘，他们可能被小鬼缠身，也可能被大树压垮……比利时人相信六叶草，却不待见七叶草。如果不幸碰到七叶草——放心这是极罕见的情况——则是死亡的预兆……

越多越好

就像有关车轴草的迷信一样，植物某些部分非同寻常的数量众多，往往被视为吉祥植物的特征。六瓣铁线莲以及多于四瓣的白色欧丁香花簇，是俄罗斯少女珍爱的幸运物。布列塔尼人常常把一枝双穗黑麦插在帽子上。再比如生有三个节子的接骨木树枝，加斯科省人会抽空其中的木髓，再塞满黍粒等小东西。

团结就是力量

把一种植物的力量与另一种植物的功能叠加起来，听起来很有道理！这种做法也不罕见。例如槲寄生具有良好的作用，而蜀葵花被认为能抵御魔法。把两种植物放在一起，你就获得了一件几乎完美的幸运物。如果你害怕邪眼，可以把三枚鼠尾草叶子、三枚迷迭香叶子和三枚经过祝圣的月桂树叶放在一起。简单，但行之有效！

四叶铃兰（这里把四叶草和铃兰花朵组合在一起，因此不是真实存在的。——译注），看起来不太真实，对吧？

作为商品的幸运物

幸运物的大繁荣

19世纪中期以来，发生了一场对幸运物的新的迷恋，导致幸运物在全世界流行起来。植物护身符既以天然状态出售，又演变为各种各样的首饰，得益于当时的半工业化，更多的淑女能够在财务上负担这些首饰。商品价值和制作材料并不重要，因为根据一种一直存在的信仰，展现幸运植物的形象，就足以将其效力转移到目标人的身上。到了1900年前后，新艺术潮流兴起，这种潮流从植物的形态和柔软线条中汲取了不少营养，产生大量新的装饰品和日用物件作品。模仿槲寄生和铃兰等的衣饰、垂饰、梳子、胸针，充斥当时巴黎的商品柜台。

19世纪末，四叶草成为巴黎流行的幸运物，并演化为多种形式：放在玻璃饰物盒中的植物护身符、金属或搪瓷浮雕、领带夹、手镯或表链上的坠饰，此外还有20世纪初的明信片，其中有些明信片还带有色情意味！印有“我带来幸运”这句话的植物明信片也非常流行。为了迎合这种大众喜好，国营博彩公司在海报和彩票上印上铃兰和四叶草图案，鼓励彩民购买彩票，试试自己究竟能否交好运。

此图确实与植物没有任何关系，但必须给数字13留出一小块位置。否则它会给图书销售带来不幸！

祝福卡片及其他幸运衍生品被投入工业化生产。它们充斥着20世纪初的市场。

健康措施

从1896年开始，餐馆的菜单上经常印有金色的四叶草。利昂内尔·博纳梅尔（Lionel Bonnemère）不无诙谐地提到一份菜单："一张印着幸运草的纸，在我看来与这份令人胃口大开的菜单完美契合。食客们需要一道法力强大的护身符来防止发生消化不良。"

品牌

是不是凭借汽车引擎盖上的四叶草图案，乌戈·西沃奇（Ugo Sivocci）才夺得1923年西西里赛车比赛的胜利？在这次胜利的鼓舞下，阿尔法·罗密欧品牌把这一运动和幸运的标志贴在赛车上，并且在后来用于原型车上。成立于1899年的另一家不甚出名的自行车和汽车制造公司，也使用这种神秘植物，把公司命名为"四叶草"。

幸运物的追逐者

虽然具有律师、作家、雕塑家、考古学家、民俗学家、民间民俗传统协会的共同创办人之一等多重身份，但是利昂内尔·博纳梅尔把主要精力花在收集民族志物品并编写目录上面。从1885年直到去世（1905年），他致力于清点整理在巴黎及外省找到的大量幸运物品。在本书写作期间，有人计划在将于2013年春在马赛开馆的欧洲及地中海文明博物馆展出他的藏品。

乔治·里夏尔（Georges Richard）等实业家很快嗅到四叶草的商机。

车轴草——隐姓埋名的幸运植物

有很多植物过去被视为幸运元素，但是当迷信的雾霭在科学和现代生活的侵蚀下日益疏朗时，它们被人遗忘了。人们不再在房门上悬挂装着小麦和燕麦粒的小袋子来阻止夜鬼登门。意大利士兵也不再从遭到雷击的栎树上采摘树叶携带在身上，让自己变得无可匹敌。只有几种鼎鼎大名的植物抵抗得了遗忘的魔法，四叶草就是一个活生生的例子。然而寻常的车轴草也曾经拥有辉煌岁月，因为它不仅被认为能够带来幸运，也象征着繁荣昌盛。

幸福的农民

人们曾经长期认为车轴草会导致土地贫瘠，让反刍牲畜患上多种疾病，但是不少人热衷于证明播种车轴草具有很多好处，最终为它平反昭雪。车轴草不仅容易成活，不需要

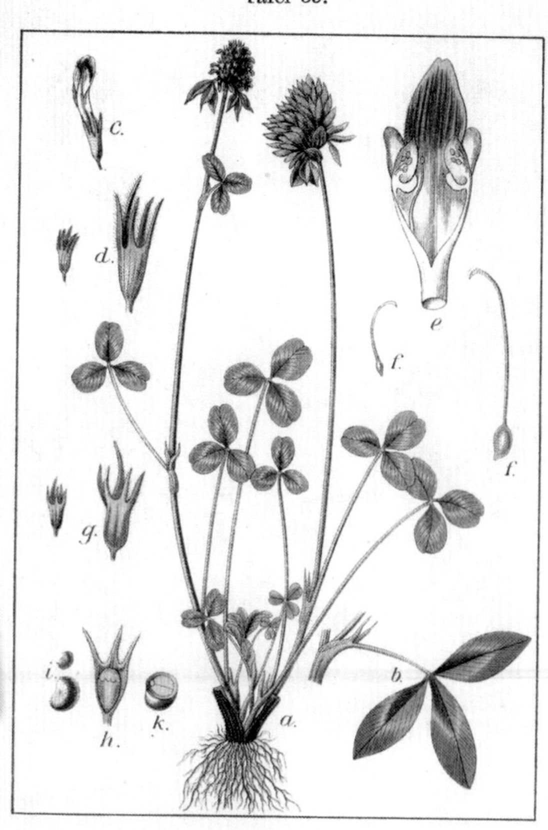

四叶草让车轴草黯然失色。然而车轴草也可带来繁荣兴旺，并且相当常见。

每个用纸牌占卜的女人都会告诉你，车轴草代表金钱。

施加氮肥，而且可以为牲畜提供牧草、为土地增肥。因此，车轴草过去被视为“农村经济的最牢固基础”和“社会生活的幸福源泉之一”，并且被赋予幸福的象征意义，就不足为奇了。况且还有宗教上的原因强化了车轴草招来幸运的声望。

名实不符

不能因为车轴草的好名声就对它绝对信任。曼恩省和卢瓦尔省的农民绝不在“不含R的日子”[法文星期一到星期日中，不含R字母的有星期一（lundi）、星期四（jeudi）、星期六（samedi）和星期日（dimanche）。——译注]播撒车轴草种子，例如星期一和星期四。否则，他们放牧的牲畜将腹胀如鼓。

神奇的车轴草

根据基督教的传统，圣子耶稣诞生之夜出现一系列异象。初生的婴儿躺在稻草上，头枕车轴草垫，由于圣子的接触，车轴草在隆冬时

沼泽地里的车轴草可以涵养水分。

车轴草绶带

16 世纪时，德国农学家舒巴特在旅行过程中发现，在车轴草生长繁茂的地区，牲畜都膘肥体壮。

根据这一观察，他大力推行车轴草种植，导致德国此前以谷物的密集种植为基础的农业实践发生变革。

他自己也经营致富，声名远扬，皇帝封他为“车轴草田爵士”。

节盛开鲜花。为了纪念这一圣迹，西班牙人会仔细保存在圣约翰节采摘的车轴草，因为他们认为这些植物护身符能在圣诞节恢复绿意。在整个圣约翰节采摘季采摘的车轴草都具有保护功能。

施行巫术者总是在自己身上带几枝车轴草嫩条，以防魔力伤及自身。生于公元前 9 世纪的古希腊诗人荷马也相信这些说法，他声称车轴草能够祛除邪恶。他还认为这种植物会让持有者富裕和长寿。

开往幸福的汽车！

畅饮啤酒，多么幸福啊！

3 月 17 日的圣帕特里克节是爱尔兰的国家节日。每个人都在帽子或衣服扣眼上别上车轴草叶子，畅饮啤酒。

幸运植物图说

大蒜

Allium sativum L.–葱属

在蒜瓣的保护之下

植物特征

草本植物，叶片细长，
伞形花序，夏季开花；
鳞茎可食用，
由数片蒜瓣组成，
外有膜质鳞皮；
鳞茎的收获季
在七月。

大蒜当早餐

我们的早餐中常见烤面包、培根和炒蛋，但很少见到有人早上就大嚼蒜瓣！然而，按照自己心意调味的蒜瓣是开启一整天生活的最佳食物，适宜多多食用。大蒜确实能够给人带来好运，如果有胆量一早醒来就吃大蒜的话……

你和我一样对大蒜敏感吗？别担心，你可以采取迂回战略。维埃纳人在圣约翰节的篝火里烤一瓣大蒜，然后把它带在身上，以期带来好运。这样让人感觉舒服多了，对吧？另一个获取好运的妙招是向西西里人学习，每次搬家的时候在新房的每个房间放上蒜瓣。

臭烘烘的保护

在古希腊时期，只有妇女才能参加纪念丰饶女神的传统节日塞斯谟福利节。在节日期间，甚至可能在节日到来之前的一个星期，参加庆典的女性就被禁止行房。为了禁绝房事，让觊觎者知难而退，她们会使用很多办法，其中包括食用大蒜，因为古希腊人讨厌大蒜散发的气味。

床笫间的幸福！

大蒜是爱情的敌人？不见得，如果相信某些传统说法，大蒜有着无与伦比的增进情欲的功效。对于年事已高或力不从心的男性来说，大蒜是让他们重振雄风的最佳助力。因此在法国的某些地区，人们在新婚之夜给年轻夫妻准备一碗大蒜汤。中东地区的新婚夫妇相信大蒜的益处，作为行房交欢的预备措施，他们于新婚之日在衣服扣眼上塞一枚蒜瓣。

用大蒜祈求粮食丰收

想要永远避免缺衣少食的贫穷日子，再简单不过了。可以像意大利博洛尼亚人那样，在圣约翰节摘下一头大蒜。另一个吉日是栽种五月树的时候，那天要从树林里砍树，然后移栽到村子里的空地上，庆祝春天回归。佩里格尔地区过去有一个习俗，在树木栽种到地上之前，拿一枚蒜瓣和一小块金子在牙齿上过一下。

这可不是闹着玩的！

按照最近几十年来的迷信做法，可以相信足球、橄榄球跟大蒜很合得来。早在1987年，意大利那不勒斯队找来30个法师，祈求马拉多纳所在的球队战胜普拉蒂尼的球队。这些法师在尤文图斯球场引吭高歌，然后在球场上焚香并抛撒蒜瓣。这些做法让人捧腹，但并不妨碍那不勒斯队——或许靠心理暗示作用——赢得奖杯！

还有更近的例子，2011年9月24日，新西兰的“裸体黑人橄榄球队”——以全裸比赛而著名的男子橄榄球队——在极尽夸张滑稽的气氛中与“罗马尼亚吸血

历史上并没有例子表明食用大蒜影响在球场上拼抢。

鬼队”进行了一场友谊比赛……在比赛前一星期,“裸体黑人橄榄球队”在达阵区撒下蒜瓣。他们最终收获了好运,虽然有一名队友躺在棺材状的担架里下场(因为戴着防晒墨镜的罗马尼亚吸血鬼队球员咬了他一口),但是他们赢下了比赛!

然而,安妮·霍姆斯(Annie Holmes)在1993年出版的一本迷信词典中声称,大蒜并不总是代表幸运。一支西班牙足球队曾经为了摆脱糟糕的成绩,在对手的球门附近撒下大蒜。但是这个花招的效果只是导致这支球队降级……

完美的个人保镖

究竟是大蒜的强烈气味让很多人的鼻孔避之不及,还是大蒜的层层外皮让过去的统治者想到大蒜的可靠保护作用?不管哪种原因,携带大蒜的人不会遭

亨利四世从小就酷爱大蒜,但却未能因此远离拉瓦莱克。

Le 14 mai 1610, Henri IV meurt assassiné par l'infâme Ravaillac qui le frappe d'un coup de couteau, dans la rue de la Ferronnerie.

大蒜的魔法

过去在贝阿恩地区,人们会用大蒜擦拂每个刚刚降生的婴儿的嘴巴。父母希望通过这种做法让孩子茁壮成长。亨利四世[法国国王亨利四世(Henri IV,1553—1610),正是生于贝阿恩,并如后文所言死于拉瓦莱克(François Ravaillac)的刺杀。——译注]对大蒜的过度喜爱,似乎是生而有之的。

据说,当亨利四世的祖父把一头大蒜拿到他的嘴边时,这个新生儿把嘴唇凑上去,仿佛在吸奶。

啊，我的船

有人进而认为船上放大蒜可保一帆风顺。然而，还有人相信如果掌舵的海员吃了大蒜，他的罗盘针就不管用了。

遇任何不幸的意外。在过去，旅行者都对此深信不疑。携带这一植物护身符，他们不怕雪崩，不怕暴风雨、不怕窃贼强盗，也不怕妖魔鬼怪。

对抗吸血鬼

大蒜无疑是吸血鬼最具象征意义的敌人。在罗马尼亚，特兰西瓦尼亚的农民在房子的所有开口前撒上大蒜，或用大蒜头涂抹。无论用何种方法，他们所期望的结果都一样：让吸血鬼和斯特里戈伊（罗马尼亚另一种嗜血的妖怪）经过的时候感到厌恶。在中欧地区，人们把大蒜花制作成项链或把一把大蒜扎成一束，挂在床头，也能够驱赶嗜血的妖怪。不过，如果床头悬挂蒜辫，用处在于消除疾病。过去的人们认为，大蒜是无所不能的！

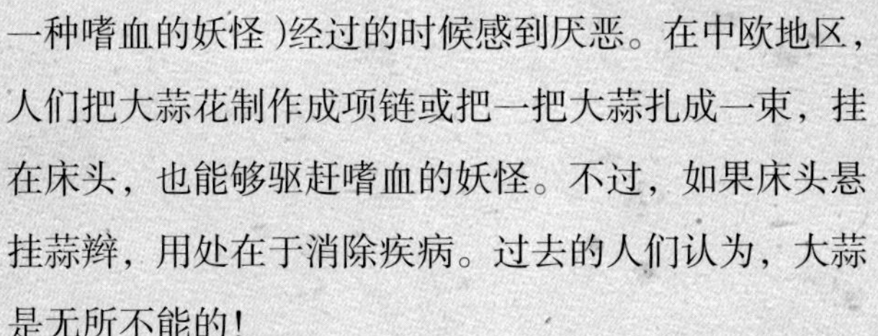

木桩、耶稣殉难十字架和大蒜，特兰西瓦尼亚的克卢日大学担保这种方法切实有效。

治病的大蒜

古埃及人已经猜测大蒜具有多种药用价值。法老命令所有参与建造大金字塔的工匠必须每天食用大蒜，以增强抵抗力，防止传染病。由于其强身健体和防治疾病的作用得到称颂，大蒜传播到很多国家，在千百年间被用于各种迷信和医治方法。在中世纪和文艺复兴时期，人们赞美大蒜具有消除多种传染病的疫气的作用，包括霍乱和瘟疫。在 1619 年瘟疫期间，路易十三每次出门前，御医夏尔·德洛姆（Charles de L'Orme）都会在他的嘴里放大蒜，当然还有别的秘方。在南美安第斯山区，母亲习惯用大蒜头使劲擦

盗贼的同谋

1628—1631 年瘟疫肆虐图卢兹，四名盗贼用自己的独家秘方来泡醋，尤其在其中加入大蒜。他们劫掠了多所感染瘟疫的房屋，但得益于这种药醋，他们自己并没有染病。

新生儿的双手。她们一边擦一边在婴儿耳边呼唤名字，这样可以防止孩子生病。

在法国的普罗旺斯地区，过去每个孩子都在圣约翰节的时候吃前天晚上篝火里烤熟的大蒜。有了这一偏方的护持，他们既不用害怕生病，也不用害怕邪恶力量的侵害。人们赋予大蒜又一个不可或缺的优点！

巫术

希腊人非常相信大蒜的力量，认为只要一提大蒜

夺命大蒜！

1973年1月，英国特伦特河畔斯托克市的警察发现一具波兰移民的尸体，一枚蒜瓣让他窒息而死。经过现场调查（盐粒撒在地上，窗沿上放着一只盛满粪便和大蒜的碗），警方得以确定：每天晚上临睡前，这个波兰人都要在房子里完成一套不变的仪式来驱逐吸血鬼。这天晚上他把蒜瓣放在嘴里，本来应该救他的命，却让他一命呜呼……

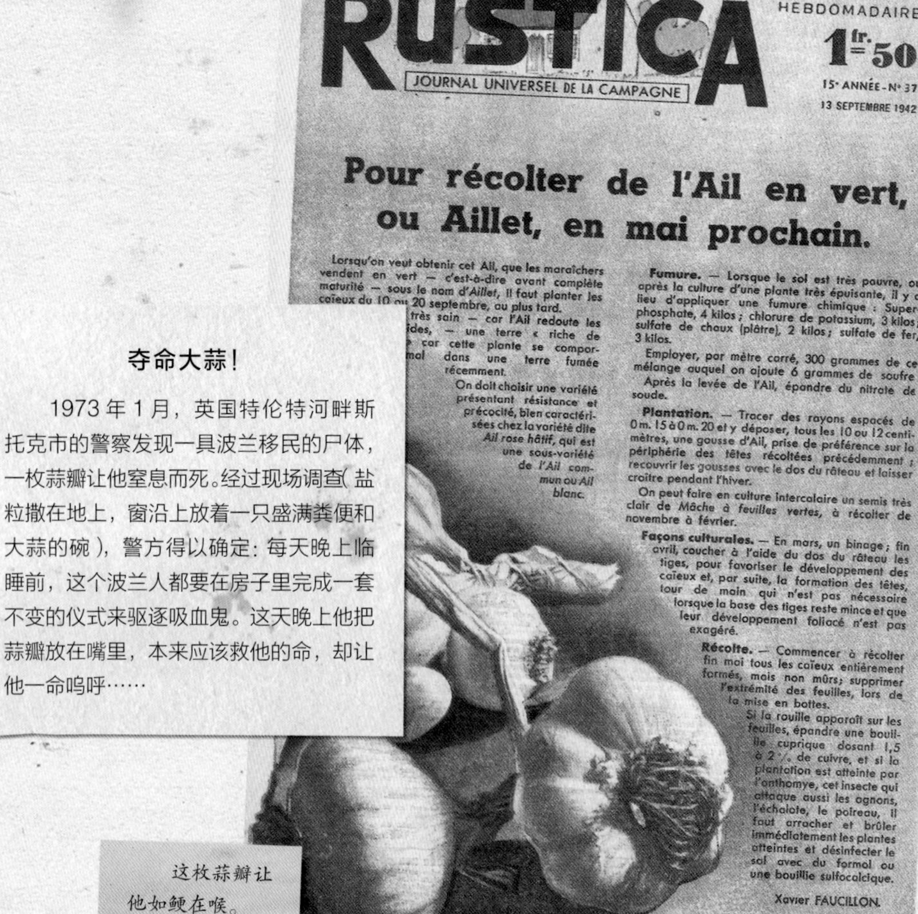

RUSTICA

JOURNAL UNIVERSEL DE LA CAMPAGNE

HEBDOMADAIRE

1 fr. 50

15e ANNÉE - N° 37

13 SEPTEMBRE 1942

Pour récolter de l'Ail en vert, ou Aillet, en mai prochain.

Lorsqu'on veut obtenir cet Ail, que les maraîchers vendent en vert — c'est-à-dire avant complète maturité — sous le nom d'*Aillet*, il faut planter les caïeux du 10 au 20 septembre, au plus tard.

… très sain — car l'Ail redoute les …ides, — une terre « riche de … car cette plante se compor… mal dans une terre fumée récemment.

On doit choisir une variété présentant résistance et précocité, bien caractérisées chez la variété dite *Ail rose hâtif*, qui est une sous-variété de *l'Ail commun ou Ail blanc*.

Fumure. — Lorsque le sol est très pauvre, ou après la culture d'une plante très épuisante, il y a lieu d'appliquer une fumure chimique : Superphosphate, 4 kilos ; chlorure de potassium, 3 kilos ; sulfate de chaux (plâtre), 2 kilos ; sulfate de fer, 3 kilos.

Employer, par mètre carré, 300 grammes de ce mélange auquel on ajoute 6 grammes de soufre

Après la levée de l'Ail, épandre du nitrate de soude.

Plantation. — Tracer des rayons espacés de 0 m. 15 à 0 m. 20 et y déposer, tous les 10 ou 12 centimètres, une gousse d'Ail, prise de préférence sur la périphérie des têtes récoltées précédemment ; recouvrir les gousses avec le dos du râteau et laisser croître pendant l'hiver.

On peut faire en culture intercalaire un semis très clair de *Mâche à feuilles vertes*, à récolter de novembre à février.

Façons culturales. — En mars, un binage ; fin avril, coucher à l'aide du dos du râteau les tiges, pour favoriser le développement des caïeux et, par suite, la formation des têtes, tour de main qui n'est pas nécessaire lorsque la base des tiges reste mince et que leur développement foliacé n'est pas exagéré.

Récolte. — Commencer à récolter fin mai tous les caïeux entièrement formés, mais non mûrs ; supprimer l'extrémité des feuilles, lors de la mise en bottes.

Si la rouille apparaît sur les feuilles, épandre une bouillie cuprique dosant 1,5 à 2 % de cuivre, et si la plantation est atteinte par l'anthomye, cet insecte qui attaque aussi les ognons, l'échalote, le poireau, il faut arracher et brûler immédiatement les plantes atteintes et désinfecter le sol avec du formol ou une bouillie sulfocalcique.

Xavier FAUCILLON.

这枚蒜瓣让他如鲠在喉。

这位老奶奶有什么健康秘诀？就是大蒜。

的名字，就能挡开巫术。在印度，人们相信把大蒜、柠檬以及辣椒一起放在门口，便能驱逐妖怪。最后我们要说说阿尔巴尼亚人，每逢忏悔星期二，他们都要在子女脖子上戴一串蒜瓣项链，保护他们免遭这一天特别活跃的巫师的伤害。

动物

你以为我们已经把大蒜的保护功效历数一遍了吗？那你就错了！人们认为大蒜除了可以驱蛇，还能保护登台表演的斗牛士毫发无损。他们带一枚蒜瓣在身上，就能够躲开牛角的攻击。

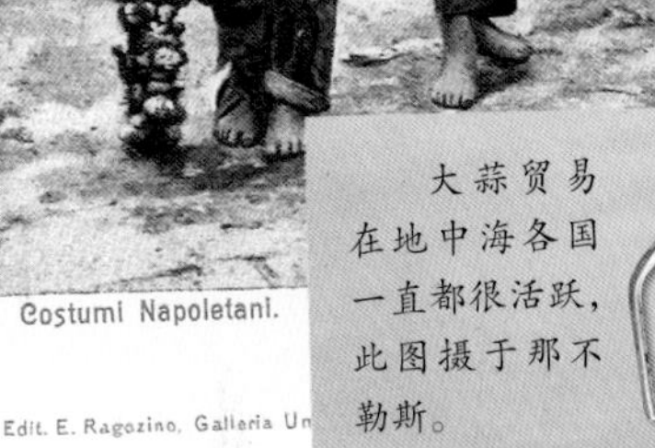

大蒜贸易在地中海各国一直都很活跃，此图摄于那不勒斯。

牲畜也得到大蒜的保护

大蒜的保护作用对人类和动物都有效。在羊群的头羊的颈上挂一瓣野蒜，可以防止狼的袭击。

在古时候的瑞典，人们害怕的不是狼群，而是为非作歹的小精灵和小妖精。小精灵会在晚上潜入畜栏骑马，把马弄得精疲力竭，小妖精则酷爱喝牛奶。幸运的是，在每头家畜的颈上缠一枚蒜瓣，可以阻止这些夜访者。

荆豆

Ulex europaeus L.–豆科

具有保护作用的荆豆

植物特征

常绿灌木，多枝，
高可达2米；枝上多刺；
树叶小而尖，互生，鳞叶；
开黄花，有香气，
可常年开花，多在初春；
果实为双瓣荚果，
种子有毒性。

幸运还是不幸?

过去，英格兰人相信，用荆豆做祭品或者家里种植荆豆会带来不幸，然而在爱尔兰的某些地区，每个家庭都会在5月1日的拂晓派小儿子去旷野采回一束荆豆，认为它可以给家人带来幸运。这种做法让苏格兰人大为诟病，因为在他们看来，这一天绝不能把荆豆带到家里来，这可是5月1日啊！不过，所有人都认同金黄色的荆豆花可以吸引钱财进门。

别让精灵盗走黄油

但愿她出于小心
使用荆豆木搅乳棒。

荆豆长着尖刺而且丛生茂密，可以形成一道难以逾越的障碍。凯尔特人从荆豆的植物特征上，发现它具有阻挡坏人的保护能力。布列塔尼人到旷野上去的时候，要在衣服上别一朵荆豆花，这样畏惧荆豆的小精灵就不会前来滋扰。夏至时巫术盛行，英国德文郡的居民会用荆豆枝塞住房屋的所有开口，阻止巫婆进入室内。为着同样的目的，每年5月1日，布列塔尼地区卡拉克地方的人们用荆豆和山楂枝塞住烟囱管道。在过去的爱尔兰，这一

1905年以来，布列塔尼地区常常举办荆豆花庆典，荆豆花女王及其女伴都幸运地成为万众瞩目的明星。

天也要举行多种保护性仪式。农民们在自家田地的篱笆下用荆豆燃起一堆火，目的是驱逐巫婆，给自己带来好运。在莫拉什（Moylash）（作者所指似为爱尔兰的Moylagh。——译注），人们在牧场入口燃烧一些细枝，防止精灵进去偷盗它们至爱的黄油。据说黄油引起很多精灵鬼怪垂涎，所以人们尽量选择用荆豆木来制作搅乳棒，以防魔法让黄油变质。

树枝传情意

在4月30日到5月1日的夜间，年轻男子们会把一枝灌木枝挂在少女的房子里，代表他们对她们的心意。在阿摩尔滨海省，带刺的荆豆枝表示这位女郎性格恶劣……

痛苦魂灵的聚集处

布列塔尼民间迷信认为，成千上万的灵魂不得不经受在世上的苦难，它们都居住在荆豆丛下。这个数量可不少，因为每株荆豆下（这种灌木的数量非常多！）都住着九个灵魂。你可以很好地理解，为什么随意砍下荆豆枝是一件非常不被认可的事情。在翻过长满荆豆的小丘时，这个地方居民总是发出点自己的信号，比如制造一点声音。那些遭罪的灵魂收到警告，会躲到附近的荆豆树下面，使自己免受伤害。

海藻

来自大海的幸福

多种多样的色彩

藻类这个统一名词中包含差异巨大的各种生物，目前不再被人视为同一植物群。方便起见，这个名词还是经常被人使用。

海藻可以分为四大种类：

· 红藻纲 Rhodophyceae（珊瑚藻、紫菜……）；

· 蓝菌门 Cyanobacteria（螺旋藻……）；

· 绿藻纲 Chlorophyceae（石莼或所谓的“海莴苣”……）；

· 褐藻纲 Phaeophyceae（海带、墨角藻……）。

从海上漂浮到岸边的海藻，主要是这些种类。这些海藻被海浪冲刷到岸上，或是在落潮的时候从岸边采集而来。

植物特征

含有叶绿素的单细胞或多细胞生物；
藻类没有根、茎、叶和花，
通常由三部分组成：
叶柄（构成藻类中轴的线形部分），
叶状体（负责吸收营养和
繁殖的植物器官）
以及攀缘茎（几乎所有藻类
都具有的固定结构）；
藻类的长度从不足1微米到60米；
全世界共有近3万种藻类植物。

饮食禁忌

台湾地区雅美族的怀孕妇女被禁止食用带有凸起的褐藻，因为人们担心孩子生下来时身上长包。

摇曳多姿的红藻。

藻类的吉祥作用

繁殖力

人们知道海藻撒在田里具有肥沃土地的特性。女性因此联想到利用这一丰产功效，例如，古罗马妇女在海洋女神涅瑞伊得斯的节日期间用海藻摩擦或拍打腹部。布雷斯特曾经有一个习俗,在举行婚礼的那天，让新人在布雷斯特港入口处的“玫瑰岩”上抓一把挂在上面的海藻。这个仪式的用意可能是祈求新婚夫妇生儿育女。但是还有个简单得多的办法，也能增加怀孕生子的机会。喝一碗海藻汤，具有催情的作用……

保护海员

来自大洋的海藻对于在海上讨生活的人来说，具有天然守护作用。日本人相信干海藻能保佑他们出海时风平浪静。

在布列塔尼地区，一种名叫箭尾鹿角菜（chondrus crispus）或“爱尔兰苔藓”的红藻，曾经是远航水手们特别的护身符，当地大多数水手如果没有携带这种植物，绝不会登船远航。为了消除自己的担忧，母亲们用这种海藻装饰儿子照片的四周，祈求孩子健康安全地返回家乡。

海藻也可以保护飞越海洋的飞行员。最早一批英国和美国的航空邮运飞行员就习惯随身携带一些海藻。

防火

布列塔尼地区特雷吉耶的水手用一种来自异地

爱情魔法

在住宅四周遍放海带，可以保证夫妻生活和谐。当然，前提是拥有自己的另一半！为了讨到老婆，过去印度洋地区的单身汉会请求巫师为自己制作符咒。巫师把水面上漂浮的海藻当作女人的头发。

风的驾驭者

为了让海上刮起大风，海员们求助于一种古老的信仰，拿一条海带在自己脑袋四周旋转，同时吹口哨。

采集海藻做肥料，是大西洋沿岸地区的古老做法。

的名叫“圣白芭蕾之树”的海藻保护自家住宅。把这种海藻挂在墙上可以避免暴风雨的威胁。这种海藻极难辨认，但请放心，在午夜12时整采摘的海藻也能防止雷击。此外，熬一碗海藻汤喝，可以让人智慧倍增！海藻的保护能力不仅对人有效，而且美国人相信，在家里摆放干海藻可以避免火灾和恶鬼上门。

海藻有时候对船只并不友好，无法向它祈求好运。

被掳获的船只

马尾藻海的海面上漂浮着大量海藻，被船员们认为是一片“淤滞难行”的危险海域，因为船只很难顺利通过这片区域。这片海域位于大西洋上，安的列斯群岛东北部，距百慕大三角不远，这里的海底有很多沉船……

这可不算好运气……

在第一次出海期间，渔民如果在渔网里发现大量海藻，会感到沮丧，因为海藻预示收获不多。布列塔尼地区庞韦南地方的妇女相信，如果打翻盛有日用水的水桶，是会招致不幸的。为了避免打翻水桶，她们事先在桶里放两把海藻。但是使用这个妙招也无法让她们免于失手打翻水桶……

得到一条小海藻，就能得到一时的好运。

招财

塞浦路斯人、叙利亚人和土耳其人相信红藻可以带来财运，把它们布置在住宅里的各处，特别是钱箱子里。在押钱赌博之前，黎凡特地区的水手会小心地携带红藻吸引财运。如果你希望招财进宝，必须试试像苏格兰人那样用威士忌泡海藻。用海藻塞满一只多孔的陶罐，把海藻压实，浇上威士忌酒，然后密封罐子。只要等威士忌蒸发干净，钱财自然滚滚而来……

海藻其实很漂亮。

还有一个小妙招可供经营店铺的读者参考，新英格兰地区的商贩过去用海藻汤洗刷商店，以此祈求顾客盈门。

全周无休的银行

在圣马洛，如果少女没有钱参加舞会，她们会去岩石上采一条海藻，据说它是“魔鬼的钱袋”，每一条海藻都有两枚钱币。

扁桃树

Prunus amygdalus Batsch.–蔷薇科

扁桃仁和果壳

植物特征

树高可达到10米；
树叶在花期后生长，
落叶，互生；
花朵为淡粉红色，
五片花瓣，
花期为2月到3月；
果实为核果；籽为乳白色，
覆有栗色外皮，
根据品种不同，
收获期在8月中旬到
10月中旬。

对钱财的担忧永远存在

扁桃树的花期很早，象征植物的复苏、生命对冬眠取得胜利，而且人们肯定因此把扁桃树视为幸运树。普罗旺斯人认为，攀爬扁桃树或在其下睡觉，是解决财务困扰的最好办法。如果你盼望财运滚滚，烧几片扁桃树叶或携带几枚扁桃果在身上，就可能美梦成真。

你好，菲律宾人！

有的果壳里包含两枚果仁。如果随身携带含有双仁的果子，可以防止雷击、牙疼和痔疮。还有一个关于双仁果子的游戏，其规则各地有所不同。首先把这枚扁桃果子的一半给一名亲朋好友，然后约定一个日期或时间。当游戏中的两人在约定的时间相遇，第一个喊出“你好，菲律宾人”的人将可以获得另一人的礼物。还有一些地方，如果没有好好保管这粒珍贵的果仁，无法拿给对方看，也要送出一份礼物。20世纪初巴黎的珠宝商从这个游戏当中得到灵感，出售“菲律宾人吉祥物”，一颗可以打开的小小的金扁桃，里面藏有两枚石榴石。

治疗用油

在19世纪，觉得耳道内进了小虫子的人，会往耳朵里灌扁桃油杀死擅入的虫子。遇到患耳疾的病人，18世纪的医生把泡过西瓜虫的甜扁桃油开给他们使用。

带来幸运的菜肴

在普罗旺斯，扁桃是传统的圣诞节十三道甜点之一。农民们小心翼翼地保

存吃剩下的扁桃壳子，把它们撒在田里，有助于获得好收成。在丹麦，圣诞大餐的最后一道菜肴是牛奶米饭，里面藏有一粒扁桃。找到这枚扁桃果子的人可以得到一只扁桃酱做的小猪，据说可以带来好运。

一触即发的繁殖力

睡在扁桃树下的少女要小心。梦见自己的未婚夫足以让她们怀孕！

木棒上的爱情

在古希腊神话中，费利斯公主以为她的情人已经战死沙场，不愿独存，决定自缢于一株扁桃树上。但是她朝思暮想的人儿只是因为疲惫而姗姗来迟。听到情人自尽的消息，他抱住这株扁桃树，在他一碰之下，树上就鲜花盛开。在另一种说法中，费利斯公主因为绝望而死，被坚贞的爱情女神赫拉变成一株扁桃树。根据这些神话传说，希望维持婚姻的人时刻不离一小截拔去树叶的扁桃树枝，就丝毫不让人感到吃惊了。

扁桃树总是伴随恋人左右。

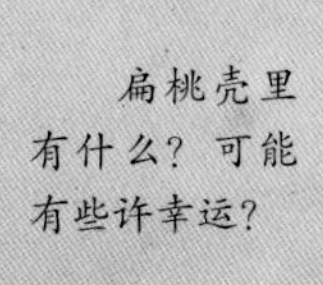

扁桃壳里有什么？可能有些许幸运？

欧白芷

Angelica archangelica L.–伞形科

天降的好运

天使般的名字

天使草、天使的馈赠、来自天堂的植物、圣灵之草……欧白芷的这些俗名来自大天使拉斐尔，他曾向一个睡梦中的隐居者展示欧白芷的药用价值。

芬芳的护佑

17世纪初，药剂师造出一种十分时兴的护身符，但因相对高昂的价格只能给贵族享用。这种护身符是把榛子掏空，在里面填满水银，再在外面包裹一种含多种成分的膏药，其中就有欧白芷的根。做好的护身符有手掌大小，用一方红丝帕包好，随身携带。

在过去的异教节日期间，圣通日和奥尼（法国两个旧省，位于现在的滨海夏朗德省）的父母们在孩子的脖子上挂一株欧白芷的根或茎，防止巫术侵扰。

植物特征

大型两年生草本植物，
可高达2米；
各部分都散发浓郁香气；
茎中空，有条纹；
叶片绿而大，纹路明显，
背面近白色；花朵为白色，
聚成伞形。

好运来吧！

在比利牛斯山区的巴列－德阿兰和库兹朗，人们把欧白芷的伞花悬挂在天花板上。在变干燥的过程中，花朵在整座房子里散发出浓烈的芬芳，据称可以给家人带来好运。欧白芷也有益于家庭和睦。常常一无所获的渔夫，为了避免被老婆嘲讽，可以把欧白芷汁倒在

至高的礼物

作为欧白芷之都，尼奥尔城喜欢向逗留本市和法国的名人致敬，以此来展现本地的才艺。1852年10月，拿破仑三世收到一枚糖渍欧白芷制作的皇家鹰徽。因为沙皇尼古拉二世的访问，尼奥尔市送给巴黎一件表现俄国和法国友好握手的欧白芷雕塑。

过去，俄国、美国和墨西哥的赌徒把一切希望都寄托在一根新鲜的欧白芷根上，在赌局中他们会亲吻无数次。

水里，芬芳扑鼻的水可以引来所有的鱼，只有鲤鱼除外。毕竟，没有什么是十全十美的！

还有一条妙计，如果男人家里的老婆不忠又/或冷漠（两者有时候并存……），天使草可以让女人立即回心转意。试试天使草，你绝不会失望！

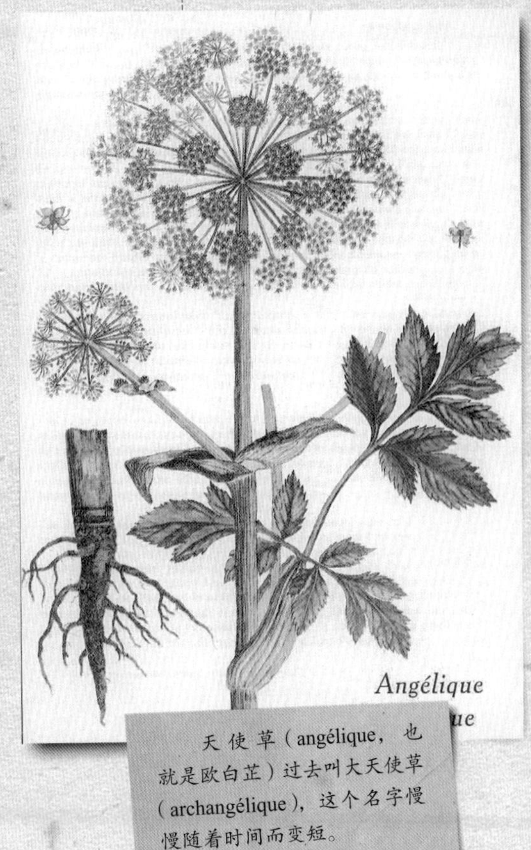

天使草（angélique，也就是欧白芷）过去叫大天使草（archangélique），这个名字慢慢随着时间而变短。

有益的美食

1759年，一个名叫阿尼巴尔·卡穆的尼斯人在马赛去世，享年121岁（还有记载甚至说他寿命达到125岁）。据说他之所以如此高寿，是因为酷嗜欧白芷根，几乎一刻不停地咀嚼。

艾蒿

北艾（*Artemisia vulgaris* L.）–菊科

阿耳忒弥斯之花

赤身裸体，醋泡猎枪

艾蒿是圣约翰节仪式使用的主要植物之一。因此在夏至前后，有很多菜肴都用到艾蒿，这丝毫不让人感到吃惊。根据想要获得的不同效果，人们在这一节日的前夜、这一节日当天的白天或夜晚采摘艾蒿。把节日前夜采摘的艾蒿悬挂在房门或放置于房间地板上，农民们认为可以祛除巫术，防范雷击。在圣约翰节，把艾蒿编成饰带随身携带，可以抵御多种灾祸，比如幽灵的出现。在圣约翰节之夜，时常空手而归的猎人赤条条跑到田野里，寻找艾蒿和马鞭草。一回到家，他们就把醋煮沸，把这两种植物泡在里面。清晨，他们用这种汤剂仔细地清洗猎枪，从而让它弹无虚发！圣约翰节黎明的采摘必须空腹进行。在采摘时，念诵五遍“圣父”和“万福”，采到的艾蒿将保留所有神力，

植物特征

多年生大型草本植物，丛生；
茎硬而有棱角，通常呈浅红色；
叶片裂开，平滑，
正面为深绿色，背面泛白色，有茸毛；
开黄色小花，略带绿色或红色，
形成小的头状花序，
在茎的顶部聚成金字塔形长串，
花期在夏季；果实为瘦果。

艾蒿还是避雷针，只能选其一。

这是宗教和魔法的奇怪共存。有的农民因为常年劳累而腰疼，会制作一条艾蒿腰带，希望能免遭病痛。这条腰带还具有驱散诅咒的能力。

圣约翰节的前夜也是寻求艾蒿庇护的时机。头戴艾蒿环或腰缠艾蒿腰带，可以让围绕篝火跳舞的人在下一个夏至之前保持身体健康。这些物品据说也可以带来幸运，人们认为它们能驱逐窃贼以及各种各样的噩运和痛苦。

在默兹省的屈米埃，过去有一个习俗，两人站在火堆两边，一个人把艾蒿环扔过火堆，另一个人把它接住。烟熏火燎之后，人们把这些草环割成碎片，分给在场的人。艾蒿环的碎片被小心翼翼地保存在每一家，保佑天雷地火不会损害住宅。

保佑人畜平安

在古埃及，法老们已经开始使用艾蒿来驱逐恶灵。后来千百年间的魔法书均承认它的法力，同时赞同艾蒿抵御诅咒的能力。把一根枝叶繁茂的艾蒿包在透明的纸里，然后放到柜子里，可以祛除凶煞之气。在过去，中国人向东、南、西、北四个方向和天上地下射艾蒿箭，这是改变噩运的办法。

艾尔伯图斯·麦格努斯［Albertus Magnus（约1200–1280）德国神学家和哲学家。——译注］相信，

嗨，去找木炭！

皮卡第地区有一个传统，在圣约翰节前夜和当天，在艾蒿根部找到的木炭具有神力。所有找到这样木炭的人都将免遭瘟疫、炭疽病、雷击和其他很多噩运。

Echter Beifuss, Artemisia vulgaris.

医药、诅咒、居住、爱情：艾蒿可防止多种风险。

与上天的交流

为了召唤天上的神仙，亚洲人过去把具有天然气味的艾灰与作为祭品的动物烤炙后得到的油脂混合在一起。

别忘了艾蒿也可入药。在治病方面，它的效果更加无可置疑。

艾蒿具有比过去的迷信传说更为丰富的保护作用。佩戴艾蒿，可以防御水、火、恶灵和毒药的伤害，把它放在室内，可以免遭雷电和疫气的侵扰！据说艾蒿还能防止蚊虫鸟兽的叮咬和小妖小怪的不怀好意的捣鬼。而且，一枝艾蒿就能让巫婆逃之夭夭！

艾蒿既有益于人类，也对牲畜颇有好处。德国人为防止有人对牛群施加巫术，会把艾蒿挂在畜栏里。巫师就没办法远远地让牛奶干涸了。

法国皮卡第的农民在饲料和小麦堆里放置艾蒿，可以防止鼠类糟蹋和出现不幸事故。西西里岛上的阿沃拉城的女人们在耶稣升天节的前夜把艾蒿十字架放在房顶上。因为这一天纪念耶稣升上天堂，她们希望上帝之子在升天之时为这些宗教物品赐福。这些艾蒿十字架可足足保存一年，放在畜栏里祛除疾病。

预测生死

意大利博洛尼亚人过去在病人枕下悄悄放几枚艾叶，可以得知病人能否痊愈。放置艾叶后，如果病人进入梦乡，就是好兆头，而如果他睡不着，死神就不远了。

在花语里面，艾蒿代表忠诚。

老饕的好福气

Artemisia mutellina 或 Artemisia umbelliformis，俗称“白蒿”或“雌草”(femelle)。它还有一个名字叫“岩石苦艾”，因为这种植物生长在乱石崚嶒的陡坡和从高山上坍落的岩石上，是酿制利口酒的原料之一。

保护妇女

人们相信艾蒿具有多种功效，因此与幸福有着象征性联系。走在路上发现一株艾蒿，是最好的幸运征兆。

在 19 世纪初，圣通日和雷岛（île de Ré）的新嫁娘一走出市政厅，就会收到一枝幸运艾蒿。艾蒿调节月经、减缓疼痛的功效久已为人所知。因此艾蒿的拉丁文名称来自古希腊女神阿耳忒弥斯，她最出名的事迹是在妇女痛经、怀孕和生产时提供帮助。

让占星家相形见绌

通灵者把自己的占卜工具放在艾叶上，可以增强它们的法力。因此，不必具有通灵能力也能预言未来。只要睡觉时头枕塞满新鲜艾草的枕头，就能做一个未卜先知的梦。

单柱山楂

Crataegus monogyna L.–蔷薇科

闻起来不是玫瑰，而是山楂

植物特征

落叶灌木，树叶有裂片；
树皮平滑泛白，随着树龄增长变灰并开裂；树枝上生有小刺；花期为4月到6月；
花朵成簇生长，色白，分为五瓣，仅有一个花柱；
秋天结红色单核果实。

基督教中的山楂

基督教中经常提及山楂，圣母马利亚逃亡埃及时，曾经在山楂树下躲避一夜。比利时有一个传说，山楂的花香来自婴儿耶稣的襁褓，因为马利亚曾经把它挂在一株山楂树上晾晒。基督的桂冠也是用山楂树的棘刺做成的。随身携带一根山楂枝的人将无忧无虑，好运不断。传统上认为，禁食的时候采集山楂枝，能增强它的效果。若是喜欢赌博，可以把一根山楂枝放在耶稣受难像前祈求获胜，看看这个传说是不是所言不虚。

双面的报复

因为树枝上长满棘刺，而且木质极刚硬，所以山楂象征力量和忍耐，人们把它看作对抗邪恶势力的决定性力量。在古罗马神话中，卡纳仙女的故事证实了山楂的这种力量。这个美丽的少女玩弄她的仰慕者，表面上似乎接受他们的挑逗。她借口自己害羞，把他们引入一个黑暗的山洞里，然后藏起来，直到这些被拒绝的人失掉一切希望纷纷离开。然而，雅努斯神因

吃奶的娃娃们，不要藏在山楂花下，只要在摇篮上面放一根山楂枝就能保护你们。

双面神雅努斯。

为在后脑勺上还有一张脸，所以他看到了仙女，又重新燃起希望。因为他的视野开阔，所以他轻而易举识破这位美人的计谋，转身抓住了她。为了补偿她失去的贞洁，雅努斯神给她一种开合的能力，可以随心所欲打开和关闭所有的门，此外还有一根山楂树枝，能够把一切不祥之气统统阻挡在门外。山楂枝后来非常有用，因为她用它来驱赶骚扰婴儿的半人半兽吸血鬼

名称繁多

Blanche épine（白棘），noble épine（贵棘），buisson blanc（白灌木），aubépin, bois de mai（五月木），épine de mai（五月棘）……这些方言土语指的都是西欧产的两种山楂：单柱山楂和钝裂叶山楂。钝裂叶山楂与另一种山楂相区别之处在于，叶的顶端微微开裂，花朵有两到三个花柱，果实有多核。

不能随便使用

从事航海工作的人对山楂极为尊重，拒绝把山楂用于造船这样的寻常用途。

在根西岛，如果有人违反这一规定，那么当他的船只受损或沉入海底时，只能自怨自艾……

不过在渔船的船首树立一根山楂枝，却是一个好兆头，马赛人希望这样做能满载而归。

诅咒

盖尔人属于公元前1000年就定居在爱尔兰和苏格兰的凯尔特部落，山楂树在他们眼中是神圣的，砍伐山楂树会遭受整整一年的噩运。因此他们让来自遥远异乡的贫穷雇工来修建生长着很多山楂树的篱笆。在法国西南地区，被山楂树上的尖刺扎到的人，绝不能出口辱骂，也不能踩到树丛里出气，否则他将遭到非常严重的恶报。

斯特里克斯。只要把具有辟邪功用的山楂枝放在房门旁边，卡纳仙女就能划出一条让妖魔鬼怪无法逾越的界线。根据这个传说，古罗马人常常在孩子的摇篮或小床上放一根山楂枝，以驱逐斯特里克斯。

法国隆格多克地区的农民过去会在牛腹下悬挂一根山楂树枝，从而让它不受任何魔法的侵扰。贝里和香槟地区的牧羊人过去佩戴山楂枝作为护身符，用来驱逐妖怪。在住宅门槛上放置一根山楂枝，可以起到相同作用。

Foudroyés !
LA CATASTROPHE DE FONTAINEBLEAU

如果附近有一株山楂树，就不会遭到雷击了。

植物避雷针

在《圣经》里，山楂树曾经在狂风暴雨中庇护圣母马利亚，因此被人当作天然的避雷针。这种自然天象据说是魔鬼制造出来的，它不敢触碰曾经缠绕耶稣前额的植物。因此，遇到暴风雨躲到山楂树下，不失为一个明智的选择。

过去，法国人和比利时的瓦隆人在住宅周围种植山楂树，并且在房屋里放置山楂树枝，以利用它的诸多功能。在5月1日或圣约翰节清晨，空腹砍下的山楂枝具有更强法力。厄尔省布尔特地方的人们为了防止房屋和畜栏遭到雷击，在每个圣灵降临节的那个星期一，圣白芭蕾庆典之时，都采摘一枝开花的山楂枝。每逢雷雨天，人们便向这位圣女祈祷。据说她是公元3世纪的处女，被自己的父亲砍下头颅。一犯下这桩罪行，杀人者就遭雷击而死。

此路不通

在过去，爱尔兰人对山楂树总是有一种特殊的感情。在12世纪和13世纪，他们认为孤零零生长在溪边的山楂树是仙女存在的证明。今天，这种信仰扩大到爱尔兰的每一株山楂树上，导致政府想要砍伐一些山楂树来开辟新道路的工作非常艰难。

永恒的爱情

古希腊人把山楂在春季开放的白花与婚姻女神许墨奈俄斯联系在一起。他们认为山楂树可以让新婚夫妇富裕而幸福，因此在婚礼当中随处可见山楂花。新娘头戴山楂花环，山楂枝做成火把照亮结婚祭坛，而且在婚宴当中，每位来宾都佩戴一根山楂枝。古罗马人认为山楂树能增强生育能力，因此新郎手持一根山楂枝把新娘接入洞房。

希腊人把山楂树视为幸福婚姻的象征。

竹子

幸福而宁静

植物特征

生长迅速的禾本植物（最快达到每天长高1.2米），高度从50厘米到30米；根状茎，簇生（成丛生长）或匍匐生（在地面上生长）；根据品种的不同，茎秆的颜色、形状和形态，分枝数量（十余枝到数十枝），叶片的大小和颜色等，都有所不同。

用途广泛的竹子

过去，竹子在亚洲东部各国人的生活中到处可见，它可以供应一切所需：食物、住宅、工具……中国人把这种施德行善的植物尊称为“天赐之礼”。竹子的绿叶持续耐久，因此也成为长寿、力量和幸福的象征。

传导能量

亚洲人传统上认为竹子在居室之内能够消除不祥之气，促进勃勃生机在室内流动，散布和谐和健康。花园里种植一片竹子具有同样的功效，只不过竹子要位于南侧。如果竹子生长在北侧，要在竹子上悬挂镜子，就能够驱散喜欢聚集在此处的心怀不轨的鬼魂。11月9日到11日，日本商人习惯买一枝竹枝献在惠比寿的神龛上，他是商业和渔业的保护神。

竹枝上还饰有假金币或饭团等象征财富的幸运符，悬挂在店铺里可以保证生意兴隆。

在亚洲，竹子用途非常广泛。

荫庇爱情

在中国古代，人们

被诅咒的竹子，什么植物能带给它好运？

地震避难所

在日本，有些公园内有竹园，可以在发生地震的时候为民众提供庇护。竹子在地下生有很多根茎，形成一条植物地毯，足以抵抗地震波。

常常把竹子摆放在成婚时的家具上面，新婚夫妇相信竹子有助于婚姻的幸福持久。因为竹子被认为可以驱逐破坏姻缘的恶鬼。加勒比地区的原住民也抱有这样的信仰，在结婚之日，他们竖立一根高高的翠竹，在下面张开帷盖，迎接新婚夫妇。

护佑产妇

为了顺利分娩，越南妇女过去在竹床上生产，这种床通常由她们的丈夫或家族中的勇士特地为这一时刻而制作。

台湾有些地方的农民非常看重竹编的谷物篮子。当新娘离开婚礼殿堂时，一个有福气的女人（饶有资财或子女众多）在新娘头顶擎着一只竹篮，把自己的福气传给她。如果没有经历这样的仪式，女人生儿育女以后，她们的孩子会非常难以管教。

假竹子

"富贵竹"（Dracaena sanderiana）被当作新年贺礼，它其实不是竹子，而是一种原产于喀麦隆的植物。

罗勒

Ocimum basilicum L.-唇形科

仿佛幸运的气息

圣灵的罗勒

在保加利亚有一个传说，上帝强烈渴望拥有一个孩子，因此他听从了魔鬼的建议，他睡在罗勒枝上，并在第二天把这些罗勒递给圣母马利亚。圣母一嗅到它们的芳香，就神秘地怀孕。后来，当她被迫携带新生儿与丈夫一起逃亡到埃及时，藏在田里躲避希律王派来的爪牙。圣母发现裙裾没有藏好，却被低垂下来的罗勒叶子盖住裙角，因此幸免于难。

罗勒和钱柜

人们认为罗勒具有很强的效力，因此每天吃下一片叶子，就能驱逐邪恶的力量，祛除疾病，治疗不育症。东地中海周边地区的商贩每天清早开门营业时，都要完成一套相同的仪式。他们点燃安息香，祈求顾客盈门，销售红火。如果他们那天要跟加利利人

植物特征

一年生草本植物，
可作为芳香和调味料植物来种植；
茎上分枝众多；对生叶，
通常为绿色，
因品种不同而大小不一；
开白色小花，有的带粉红色，
在叶腋下聚集成长长的花穗，
花期为8月到10月。

注意，basilic（罗勒）除了是一种具有有益功效的植物外，还指一种性情不怎么温顺的蜥蜴，能让美洲鬣蜥望而生畏。

谈生意，就在香里面添加等量的桂皮和罗勒来增强自己的好运气。意大利的店主只用罗勒：把罗勒放在钱柜里，就能让金钱滚滚而来。

有人爱，有人恨

为了驱逐房子里的鬼怪，可以把圣约翰节的清晨收集的露水盛在一个长颈瓶里，然后插一枝罗勒。随身携带一枚罗勒叶子，也有相同功效。古希腊人声称罗勒可以传播虱子和疾病，波斯人反而认为罗勒可以在一年之内有效缓解神经痛。在相当于新年的纳吾肉孜节，每人都要为此吃几粒罗勒籽。

无法抗拒的罗勒

绅士们，如果你们的心灵饱受单相思之苦，幸好有迷信认为罗勒具有实现你们最宝贵愿望的能力。若是有位男子把新鲜罗勒叶子碾碎敷在皮肤上，即使最正派的淑女也无法抵挡他的魅力。

你们也可以像意大利人过去那样做的，在耳边夹一小枝罗勒。它的香气可以让女子对你们产生好感，至少是好奇吧。在罗马尼亚，罗勒是制作新娘花环的植物之一。新娘们在婚礼之日戴上这只花环，罗勒可以让新婚夫妇长寿幸福。

浴缸中的未来

过去，罗马尼亚人在给新生儿第一次洗澡时，会在浴缸里加入罗勒，这样可以让孩子一生都讨人喜欢，得到所有人的爱护和尊重。

传统上，人们认为罗勒具有促进怀孕和护佑安全的作用，对人类来说是一种有益的植物。

请勿触碰罗勒

印度人认为罗勒是一种神圣的植物，它是献给世界的保护神毗湿奴的。在印度，无人敢粗暴对待这种芳香植物，因为他们害怕走霉运和无法生育。

小麦

Triticum sativum L.–禾本科

手持一穗，幸福在握！

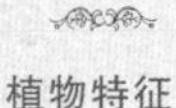

植物特征

一年生草本植物，茎细长，呈圆柱形，通常为中空，有节；互生叶，下部包茎，上部细长；茎顶端开小花，由扁而无柄的小穗聚成一穗；果实为小麦粒，颖果。

与神的联系

小麦是最好的食用植物，它可以做成面包，因此很快被视为事关人类生存的重要植物。由于小麦原本是野生的，很多文明视之为只有神才能创造的神奇植物。古埃及人相信，植物力量和重生之神奥西里斯让第一颗麦粒在尼罗河三角洲萌芽。在古希腊神话中，沃土和收获女神德墨忒耳给英雄特里普托勒摩斯一辆双龙拉的车和一束麦穗，让他把小麦传播到全世界。

基督教也把小麦和神的世界联系在一起，因为小麦是雌雄同体和单体繁殖的。吃小麦做成的圣饼即无酵饼，象征着上帝的拯救，预表重获新生。过去，法国博斯和布列塔尼地区的人们声称可以在麦粒上看到基督的面孔，以此表明自己的坚定信仰！小麦既是主要的食物，也是基督的象征，自然而然成为广泛意义上的幸福的同义词。

可靠的好运

在新房屋的大梁上悬挂七束麦穗，可以保证家人平安富裕。这一传统延续至今，笔者在法国的某些地区亲眼所见，这一做法对所有房屋都有用，只要每年更换小麦即可。在过去，每逢主显节的夜晚，阿登省的人们都把三颗麦粒抛到火里：一颗献给约瑟，一颗献给圣母马利亚，一颗献给耶稣。人们希望通过这种

小麦意味着面包，这就说明了一切。

献祭能获得接连不断的成功。索恩-卢瓦尔省的农民们在往炉膛里放置待烤的菜肴前都要举行这种仪式，不管是在一年当中的哪一天。他们一边这样做，一边祈祷牲畜健康平安。

死亡的信号

两个麦穗叠成十字，丢在田地里，预示未来几日将会死亡。同样生死攸关的是，双穗麦子上麦粒的数量就是剩余的寿数。

神的庇护

把麦粒置于上帝的保护之下，过去这种习惯在法国各地普遍存在，尤其是在农业地区。为了获得好收成，神甫们在播种前为种子祝福，在收获前为麦田祝福。被祝福的麦粒和麦穗也能防御暴风雨和雷电等可怕的天气。过去在凯尔西地区，人们举行圣约翰节弥撒时，在十字架和门上悬挂几串被祝福过的麦穗，这是为了防止火灾。俄罗斯人过去更加看重在午夜弥撒时被祝圣的麦穗。它被埋在房屋门槛下面，可以驱散恶鬼。波兰路德宗信徒把午夜弥撒时获得祝福的麦粒喂给鸡吃，从而增加产蛋量。

VIEILLES COUTUMES_*BERRY*_Procession dans les blés. Fête-Dieu

为了保证好收成，最有效的办法是举行一场宗教庆典。这是信仰对抗迷信。

如果麦仓发生火灾，该怎么办？

信仰的麦束

很多迷信说法是因麦收而产生的。收获田里第一束小麦的少女将在次年嫁人。在一些国家，这束小麦会被带到家里作为幸运之物。最后一束小麦被认为是小麦之灵的藏身之处，通常被原样保存，或是制作成可以带来幸运的娃娃放在家里或谷仓里。

传宗接代的保证

在过去的婚礼当中，很多仪式都是为了让新婚夫妇早生贵子。正是为了这一目的，人们把麦粒撒到婚房里，科西嘉的新娘则在麦斛上坐卧片时。但是怀孕带来的喜悦，很快化作对分娩风险的忧惧，这种担忧之情在当时的条件下是十分合理的。在法国的某些地方——如布列塔尼——有一个习俗，产妇送给附近的孕妇几个小麦小面包，祝愿她们能很快完成分娩。

在麦收期间，会遗落大量麦穗，可以当作护身符。

放在肚子上的小麦

在贝阿恩地区，每生下一个孩子，人们都从窗户扔来几斛小麦和几枚银币，以此带给婴儿好运。再往后，当孩子被带到教堂接受洗礼时，人们在他的肚子上放一片小麦面包，这片面包要送给在路上遇到的第一个人。这一仪式也是为了带给婴儿好运。在

似乎是管用的，这个宝宝已经成为一个漂亮的小姑娘。

魔麦

中世纪有一个给妻子们的秘方，如果她们的丈夫吝惜钱财，可以在9点整的时候使用一支圣约翰节收割的麦秸。只要把干麦秸的第一节插到钱柜的锁里，打开就行！

退烧

在孚日省，过去人们认为吃下当年最早长新穗或开花的麦苗的九片叶子，可以防止发烧。用牙齿咬麦穗，或用小麦和醋按揉腿肚子，可以退烧。

洗礼中，布列塔尼女人在孩子的脖子上放一片黑面包，这是为了让巫婆认为孩子已经很不幸了，因此不值得再费力气给他制造噩运。

赋予第二次生命

年轻时绿意盎然，成年后成熟沉稳，被镰刀收割，埋进土里获得重生。麦粒就像人的生命轮回一样。为了让死者获得永生，古埃及人把麦粒埋在坟墓里；古希腊和古罗马的祭司则在祭品上撒几斛小麦，让逝者往生彼世。

桦树

垂枝桦（*Betula verrucosa* Ehrh）–桦木科

幸福在于劳动

恳求帮助

桦树的银白色树干象征纯洁，春天早早生长出来的树叶宣告太阳的回归和寒冬的败退，因此桦树成为俄罗斯和其他一些国家的人们非常喜欢的树种。西伯利亚的萨满爬上有七到九枝树枝的神圣桦树，祈求神灵的帮助，有时是为了病者康复，有时是为了让部落捕获丰厚的猎物。在德国，桦树的帮助没有那么重大。在大斋首日（也称为圣火节，是基督教大斋期的首日，在复活节前的第四十日。——译注），勃兰登堡的儿童有一个顽皮的游戏，用桦木棒拍打路人。他们绝不会为此受罚，而是被认为能给“自愿挨打的人”带来好运气，因此这些孩子可以得到别人馈赠的椒盐卷饼！

植物特征

落叶乔木，高可达25米；
树枝细而软，生有树脂瘤；
年久日深，
年轻桦树的铜色树皮会变白，
裂成条状，而后变成黑色并皲裂；
柔荑花序，
雄花和雌花共存于同一株桦树；
长形球果。

收获

在俄罗斯，东正教的圣灵降临节是庆祝草木生长的日子，桦树则是其象征。桦树在这一天被装饰得五颜六色，抛到水里以祈求雨水降临，或者丢到田里，庇护庄稼免遭霜冻和有害动物的侵扰，从而获得好收成。

智慧之树

桦树在过去有这样一个称号，因为在中世纪时，如果儿童厌学，人们会用桦树枝制作一个小烛台送给他。

意大利式婚礼

在过去的意大利婚礼上，人们点燃桦树枝做成的火把，祈求带来好运。这一传统源自罗马人

劫掠萨宾妇女的传说，据说罗马人当时手举山楂枝做成的火把。老普林尼［Pline l'Ancien（Gaius Plinius Secundus，23—79），古罗马作家、自然学家。——译注］认为，民间传统可能把这一树种替换为榛树和桦树。一种现代秘传信仰认为，任何人只要身上带着装有几片桦树皮的玫瑰色丝绸香囊，就保证可以获得幸福的姻缘。

苔藓和桦树皮，两种非常有效的幸运物，保证可以收获爱情。

桦木堆

在住宅的主大门上悬挂一个桦木十字架，可以完全消除巫师和恶鬼对家人的侵犯。德国施瓦本地区的农民相信，在粪堆上放置与牲畜数目相同的桦木枝，可以保护家畜平安。

漂亮的扫帚

俄罗斯有一种用带叶子的桦树枝制作的扫帚，传统上用于在沐浴时洁身。这种扫帚长期被视为一种清除邪恶力量的护身符。

为了躲避天敌，桦尺蠖并不祈求好运气，而是通过拟态让自己与桦树皮融为一体。

莱西（lechii）

它是森林的保护精灵，来自斯拉夫民间传说，与桦树关系密切。为了获得它的帮助，比如说找到走失的牲畜，俄罗斯人把他们的请求写在树皮上，然后钉在树上。

黄杨

Buxus sempervirens L.–黄杨科

一种拥有好运的树木

神圣的黄杨

基督徒过去认为，黄杨绿油油的树叶似乎得到耶稣流在黄杨木十字架上的眼泪浇灌。不仅天主教把黄杨神圣化，古希腊人和高卢人过去也认为它是神木。它永不凋零的绿叶和坚韧的木质，让人觉得它永生不灭、坚韧不拔，因此也能带来好运。举例来说，花园里的黄杨小道总是具有更好的观赏性。如果黄杨生长繁茂，主人家有理由感到高兴，因为这是一个吉祥的兆头。在伊泽尔省的阿普里厄，在花园里种植一株黄杨被认为是很好的做法。一代接一代人爱惜黄杨，时时修剪，绝不会砍伐。亵渎黄杨者，必然招致羞辱和不幸。

植物特征

常绿乔木，高可达5米，树叶为小椭圆形状，叶质柔韧，可生长数年；花期在3月和4月；成熟果实为棕色；适宜生长在土壤干燥、钙质丰富的平原和山地。

被赐福的黄杨

时至今天，每逢棕枝主日仍有众多教民手持黄杨枝前往教堂，以求给黄杨枝祝福。黄杨开花越多，则一年的财运越旺。它给人带来好运的能力名声在外，因此过去即使不信神的人也会在教堂广场上买些获得赐福的黄杨枝带回家。人们普遍相信，这样一枝黄杨放在家里，可以保护家人免遭巫术和狂风暴雨侵害。只要听到第一声响雷时把黄杨枝丢到火里，就能避免风暴造成的损失。农民绝不会忘记在田里插一枝

美味的树枝

在利穆赞地区，黄杨是给成年人的，儿童则举着一小根装饰着糖果的杉树枝。荣纳省的儿童手举的黄杨树枝或是挂着苹果和蛋糕，或是挂着绶带、鲜花、李子干和苹果。

未被赐福的黄杨，被诅咒的黄杨？

据说，得到赐福的黄杨具有奇异的功效。然而唯独布列塔尼地区雷恩一带的居民相信未被祝圣的黄杨会制造麻烦，未获祝福的黄杨树枝也可以让人交好运。在比利牛斯山区，每个旅行者都可以用左手折断黄杨枝，然后扔到背后，这样能够避免可能发生的灾祸。

细细的黄杨枝条，用来保护庄稼免遭自然灾祸和有害动物的破坏。同样，每处畜栏的门前也插一枝黄杨，保证牲畜不生疾病，不遭巫术侵害。

被赐福的黄杨所具有的保护作用，也可以让人免遭瘟疫和热病。在棕枝主日吞服三枚黄杨叶，同时念诵三遍“天父”，可保整整一年不得热病。

贩卖黄杨树枝的小贩。他做的是一种季节性很强的生意。

法式滚球游戏中的小球和钢球。“我一击而中，这怎能不是运气”！黄杨木过去用于制作很多有用的小物件，如法式滚球游戏的小木球。

夏栎

Quercus robur L. –山毛榉科

保佑强健的幸福

数百年的幸运

夏栎的长寿堪做榜样，它的神态安详而坚毅，极易吸引雷击，因此在过去被当作神的化身，导致古代欧罗巴人把栎树神圣化。由于具有这样的德行，栎树和栎实能够给予人们很多好处。栎实因此被人当作一种灵验的幸运物，把它佩戴在身上或放在口袋里，可以带来好运和长寿。

护身符

根据迷信的说法，一株栎树不可能被雷击中两次。因此携带栎树叶子，能够有效预防闪电雷击。根据这种说法，意大利士兵把雷电比作“神兵降临”，认为拥有一片栎树叶就能防止被雷击伤。栎树还具有防病功能。在点燃栎木升腾起的烟雾中熏一熏，或爬进老栎树的树洞里三到九次，能够增强对疾病的抵抗力。还有一个防病方法，每天早上吃几枚栎实，“同时回

植物特征

落叶乔木，树叶呈波浪形，
最高可达35米；树皮为浅灰色，
随着树龄增长而皲裂；
春季开雄花和雌花；
秋季结栎实；寿命有时可达千年；
适宜作为园林、
牧场和造林树种。

不可触碰

神圣栎树受到极大的尊崇，冒犯它们是天大的禁忌，砍伐这些栎树将被处以极刑。很多仙女栖止于其间的百年栎树，本身就拥有很多惩罚手段：饥饿、持续震颤、火灾、疾病、横死……

比利时阿登山区勒埃鲁岩丘上的一株栎树应该不相信迷信说法：它总共被雷击中三次！

想四代先人”。栎木还能抵挡妖魔鬼怪的恶意袭击，在栎木建造的船只上，船员不受任何巫术诅咒的伤害。

挺拔如栎树

伊勒–维莱讷省的少女，若是想得到佳偶，会走到原来的圣佩尔恩池塘边，触摸教堂旁一株栎树的树皮，祈求达成心愿。这株栎树跟所有的落叶栎一样挺拔参天。有一种普遍的说法是，双臂环抱栎树，就能让女子找到一个充满阳刚之气的男子。

不是闹着玩的！

古代斯拉夫民族崇拜雷神，并为他点燃长明火。如果看守火焰的卫士失职，将被判处死刑。

所有神性集于一身

圣泰洛的栎树，如今生长在菲尼斯泰尔省，每一年在朗德洛的赎罪日（troménie de Landeleau）——当地独特的宗教庆典——都吸引大批香客前往。每个人都不忘拿走一小块树皮并小心保存起来。因为，这些树皮能够预防疾病，防范雷击，保佑学生考出好成绩，还能让人拥有赢得大乐透的好运！

树叶、树皮、树枝，栎树的所有部分都能带来幸运。人们相信栎实也有这样的功能。

山野火绒草

Leontopodium alpinum Cass.–菊科

在一颗好星星的闪耀下

植物特征

多年生草本植物，
头状花序，夏季开花；
生长在欧洲海拔2000~3000米的
多石且阳光充足地带；
原产于西伯利亚和喜马拉雅山脉，
在第四纪冰川期被引入种植于
欧洲的高山上。

传奇般的起源

丰富多彩的传说为我们提供了三种有关山野火绒草（山野火绒草即为俗称的雪绒花。——译注）诞生的故事。第一个故事来自德国，说的是圣母马利亚在天堂织羊毛。她在工作时睡着，丢下一团羊毛，一落到地上就变成很多银色星形小花。还有一个传说也是从山野火绒草的星星形状上来的。引导东方三博士前往耶稣出生的马槽之后，伯利恒之星消散于阿尔卑斯山，化为无数白色花朵。

最后一个故事是说，冰雪女王丢掉王位后，被幽禁于阿尔卑斯山，由小精灵们看守。然而她是如此美艳，因此一个登山者勇敢地攀上雪峰，企图征服意中人的心。然而，手握水晶长矛的小精灵们轻而易举击退了闯入者，使他失足跌下山崖。冰雪女王对追求者的死亡无能为力，因为心碎而哭泣。她的眼泪化成星形的花朵，只有在高山上才得一见。

它显然是雪山之星。

雪山之星

山野火绒草（edelweiss）之名来自瑞士德语，这丝毫不令人感到惊讶。这个名称含义为“高贵的洁白”。但你是否知道，这种鲜花的名称虽然早在1784年就出现了，但直到19世纪才进入别的语言？它的最早俗称可以追溯到16世纪，源于这种植物的茸毛和外形："茸毛花"和"狮足花"。后一种名称来自它的拉丁文名称（*Leontopodium*），因为毛茸茸的外形让人想起万兽之王的爪子。下文还出现很多地域性名称：冰川之星、银星、阿尔卑斯之星、星形鼠曲草、雪山死不了、阿尔卑斯玫瑰、冰川之花、永恒之白、牧羊人之伴……

在人们的想象中，山野火绒草是法国、瑞士和奥地利阿尔卑斯山区的特产，但其实这种天鹅绒般的小花也开放在比利牛斯山区。

历史并不悠久的象征

啊，瑞士……军刀、巧克力、缀在传统服饰和物品上一串串漂亮的雪绒花图案。想象是美好的，人们认为这些花朵从古至今都是当地民间文化的一部分。实际上，直到19世纪中叶，瑞士、奥地利和巴伐利亚才把山野火绒草当作国家象征，从那个时候起，山野火绒草才出现在诸多载体上。美丽的星形小花的魅力似乎穿越了时空，因为现在的奥地利版欧元2分硬币上可以看到它的身影。山野火绒草扎根在高山之上，也被很多登山俱乐部和向导公司选为标志。过去，在帽子上别一枚"银星"代表曾经勇敢地攀登绝顶。

山野火绒草的黑历史

1935年，为了向喜爱山野火绒草的希特勒致敬，德国国防军山地部队启用了"冰川之星"徽章。不过当第二次世界大战接近尾声时，山野火绒草也被德国一个地下反抗组织选为标志。这个组织名叫"雪绒花海盗"（Edelweisspiraten），激烈地反抗纳粹党统治。

第一次世界大战期间，人们利用山野火绒草干花建立了一个巨大的邮政贺卡产业。众多热心妇女给法国大兵们邮寄了大量贺卡。

带来幸运的山野火绒草

多种优点让山野火绒草在19世纪成为幸运物：代表纯洁无瑕的白色，星形的花瓣，相对罕见，脱水后原本的白色和外形不变。拥有一株山野火绒草，就被视为幸运的保证，只要不是通过购买得来的。19世纪末，瑞士人强烈建议不要购买山野火绒草，除非是为了送给别人，否则可能招来烦恼。利昂内尔·博纳梅尔提到这样一个故事，一个年轻的法国女子在瑞士旅行，购买了一束“冰川之花”后病倒了。为了破除诅咒，她的亲友送给她几根亲手采摘的山野火绒草。不知是不是巧合，这个年轻女郎很快就康复了。

阿尔卑斯玫瑰破除噩运的能力，无论平民还是军人都很了解。为了不被枪弹所伤，奥地利士兵在满月的星期五采摘一根山野火绒草，用白布把它裹住，先让一头驴和一头牛在上面踩过，然后把这件护身符带在身上。

自己承担危险和死亡……

“采集山野火绒草，然后去死，这是梦寐以求的。”这是某个学生在加普的一家旅馆的旅客留言簿上写下的话，幸好不是所有山野火绒草的爱好者都这样狂热！这显然是高原反应导致的头脑不清。不过，极难获得的冰川之花已经导致不少人的意外身亡。很多没有登山靴和向导的游览者远离道路，穿过陡峭滑溜的

白纸黑字，命中注定……

“……一名年轻记者在攀登卡斯泰拉奇奥山峰时，企图采一朵雪绒花，不慎跌落山谷。他一下子丢了性命。据报章所载，这次事故恰好发生在死者最后一部小说中主人公死亡的地点。”这段报道来自 1931 年 8 月 20 日的《费加罗报》。

草坡，攀上峭壁寻找山野火绒草。一名记者因此写道，山野火绒草是一种高贵的鲜花，不过得到这种高贵鲜花的代价也十分高昂。

真走运，中午吃山野火绒草馅饼。

迅速兴起的迷恋狂潮

1891 年，《万有文库及瑞士评论杂志》（*Bibliothèque universelle et Revue suisse*）写道，很多年轻牧民“不晓得城里人追捧阿尔卑斯玫瑰，上流社会的妇女用一束山野火绒草装饰上衣”。

这本杂志接着写道：“这些新鲜的、让山下之人眼红不已的雪山之花，牧民们一边随意踩踏，一边在开阔的蓝色天际下重复着他们的小调。”对山野火绒草的爱好迟至 19 世纪末才兴起，最早是在度假者和登山者当中产生

山野火绒草能带来幸运，这种观念已经深入人心，然而其历史并不悠久，19 世纪末才兴起。

的，他们喜欢带回一株雪山之花的样本。为了满足旅游胜地的需求，小束的新鲜山野火绒草和几株脱水植物被粘在邮政贺卡上，摆在柜台里出售。

今天，“雪山死不了”出现在很多瑞士产品上面：邮政贺卡、传统帽子、巧克力、防晒霜……

过度采摘

如果看到山野火绒草，请发善心让它留在原地，你只要在大自然中观赏它就可以。

阿尔卑斯的神秘花，被人视为永不朽坏的旅游纪念品和漂亮的幸运物，于是很快为声名所累。除了野生植株被大规模采摘，还有数以千计的苗株被移植到公共或私人花园。栽培山野火绒草的热潮发轫于16世纪的英国，19世纪先后传入法国和德国。1884年，仅仅在一个季度中，瑞士梅德尔山谷就有4000株山野火绒草被拔走移种到美洲。相比较来说这个数字并不显得夸张，因为仅英国商家就下了1万到2万株花苗的订单！汹涌而来的采摘和移植热潮，导致山野火绒草在瑞士、奥地利、德国和法国部分地区面临灭顶之灾，因此当时制定了严格制度，限制或禁止采摘山野火绒草。

巴黎的“阿尔卑斯玫瑰”……

由于实行严格的限采规定，而且山野火绒草十分珍稀，拥有销售资格的供货商很难满足顾客需求。为了弥补短缺，在20世纪初，丹麦和巴黎先后成功地在本地栽培山野火绒草。在1912年10月26日的《费加罗报》上，一名较真的记者撰文批评这种人人都能在烟草店买到的不正宗山野火绒草：“阿尔卑斯山让人丢掉性命，巴黎让鲜花失去生命。凭借心中信念可以移动大山，这纯属胡说，皇后镇的山野火绒草绝不是梅耶和佩尔武的山野火绒草。”［皇后镇（Bourg-la-Reine）是巴黎郊区地名，梅耶（Meije）和佩尔武（Pelvoux）则位于阿尔卑斯山区。——译注］

1883年，日内瓦“植物保护协会”建立了阿尔卑斯驯化植物园，以保护山野火绒草免于灭绝。在今天，这种阿尔卑斯植物不再像人们过去想的那样罕见。虽然在平原上显得略减风致，但它较好地适应了花园环境。

而且，瑞士孔泰农艺研究站培育出一种山野火绒草变种（命名为赫尔维西亚种），可以满足美容、食品加工和园艺等产业的需求。这一不寻常的品种自2005年起在瑞士瓦莱州大范围种植。

山野火绒草拥有光明的前景

人们过去仅仅了解火绒草在治疗腹泻、咽炎和呼吸道疾病方面的作用。后来人们发现这种星形的小花在自然环境中大量暴露在紫外线下，含有丰富的防腐成分，因此对它的兴趣大为增加。从山野火绒草中提取的防腐成分已被添加到美容产品中，具有延缓皮肤衰老的功能。

圣伯纳犬帮助迷路的人，山野火绒草保护没有迷路的人，在上萨瓦省的远足，从一开始就万无一失。

蕨

欧洲蕨（*Pteridium aquilinum* Kuhn.）–碗蕨科

树木的小幸福

近在眼前的保护

据记载，有一些与蕨类植物有关的迷信说法和传说，极少明确到底使用哪一品种。本文所述的多数是鹰蕨，或称为帝王蕨 [fougère-aigle（鹰蕨）和 fougère impériale（帝王蕨），为欧洲蕨之俗称。——译注]。这一品种的名称来自植物组织内部的轮廓，在蕨叶根部或根茎的横切面上可以清楚看到。切面上的轮廓仿佛帝王纹章上通常出现的鹰徽。过去，人们通常选择鹰形清晰的一小段根茎，用圆棒碾压，尽可能放大图像。把它挂在房门上，就成为抵御外界噩运侵袭的灵验护身符。在更广泛的意义上，蕨类被认为能够保护懂得

植物特征

多年生植物，
高可达3米，
伏地匍匐生长根茎；
大片三角形蕨叶，
裂成多片小叶，
反面生有孢子囊，
内有孢子；嫩叶蜷曲，
长大后舒展开来。

初生的小幸福将要长大。

它的价值的人。家里有蕨类植物，可以阻挡坏人进入。在吉伦特省，门槛上撒满蕨菜被认为可以赶走巫师。

即使左脚也不行

不能用脚把蕨踩碎。不慎踩到蕨的行人会迷路。还有一种更加让人感到不安的说法：犯下这种错误的孕妇会流产！

夏至的奇迹

很多人相信，圣约翰节之夜让帝王蕨产生神奇的能力。在夏至到来的前夕，要到田野和树林里去，准备目睹午夜时分发生的不可思议的奇观：蕨菜的种子破土而出，在每一株蕨菜的中心，都开出一朵稍纵即逝的花。寻宝者一边把蕨花抛到空中，一边寻找宝藏。如果花朵先是打转，然后直直地落到地上，那么铁定这里埋着一大笔钱财。圣约翰节之夜采集的种子也具有特殊的功能。拥有者将永享健康、财富和爱情，也不必再担心妖魔鬼怪。他逢赌必赢，锦上添花的是，他可以随时隐身不见！要获得这颗神奇的种子，一定要小心谨慎。

在图赖讷地区，库尔赛镇的人们总是随身携带一件衬衣和几支被祝福的蜡烛，以逃脱魔鬼的追踪，避免被栎树压垮。

沉重的代价

为了获得财运，波兰人要在胸口处别一朵圣约翰节之夜采摘的蕨花。但是他们这样的做法，表示暗地里把自己的灵魂献给魔鬼。

隐形人之子寻找父亲。

梣树

欧梣（*Fraxinus excelsior* L.）–木樨科

绿枝之谜

谨慎的挪威人

圣诞夜是收获礼物的夜晚，让人意想不到的是，梣树也在此夜被投入炉膛烧掉！焦急的人不得不耐住性子，因为在挪威有一种说法，一个意外的惊喜将不期而至，但是人们不知道这个惊喜是什么或何时到来……不过挪威人认为，在跨年夜燃烧梣木柴将在来年给家人带来兴旺富足。然而，无论何时都可以找一片梣树叶，其两侧边缘的锯齿数目相等。盎格鲁–撒克逊人相信这种罕见的树叶是幸福的保证，要大声说出发财的心愿。把这枚叶子别在衣服扣眼、帽子上或是放在口袋里，能够招来好运。

植物特征

落叶乔木，高可达40米；
树干笔直，树皮为灰白色，
随着树龄增长而开裂；
生有粗大的对生芽；
浅红色小花集中生长成一束，
花期在4月和5月，
早于生叶；
果实（扁形翅果）
于9月成熟。

较理智的人会选择梣树的药用功效，这一点更可确定。

为了爱情而常青

在瑞伊涅森林（卢瓦尔地区），有一株特别的老梣树，它有一枝“绿枝”，比这株树上别的枝条甚至整个森林的树枝都更早地长出树叶。期待姻缘的少女跪在这枝著名的树枝下，向树洞里的圣母像祈祷。然后她们把自己和可能的追求者的姓名缩写刻在树上，并且用心形框住字母。在仪式的最后，要用树枝做一个小十字架，树立在附近的沟渠里。

亨利四世时期种下的树！旺斯的梣树如此长寿，与幸运有关吗？

大有益处的细枝

在法国和苏格兰，人们过去在衣服领子上缝一条细细的梣树枝，可以防止中邪。在住宅的四角放置梣树叶，可以驱逐鬼怪。在英国的马恩岛，人们在5月1日那天在房门后钉一个梣木十字架，可以在一年内祛除噩运。这些十字架也具有其他用途。两根一样长的梣树枝做成十字架，可以保护佩戴者免遭溺水之灾。还有，为了避免暴风雨造成危险，西班牙巴斯克人在窗户上悬挂梣树叶做的十字架，这些树叶则是圣约翰节那天就采集好的。

亲自尝试种植

绝不能让男人种梣树。有一种跟死亡相关的迷信认为，如果男人栽种梣树，可能导致妻子总是产下死胎，除非家里的一名男性成员死亡。

无敌的巨树

在日耳曼神话中，世界之树（Yggdrasill）是一株巨大的梣树，拥有三个树根和硕大的枝条来支撑整个世界。世界之树连接大地和上天，它目睹了旧世界的毁灭和新世界的诞生，而且从未枯萎。

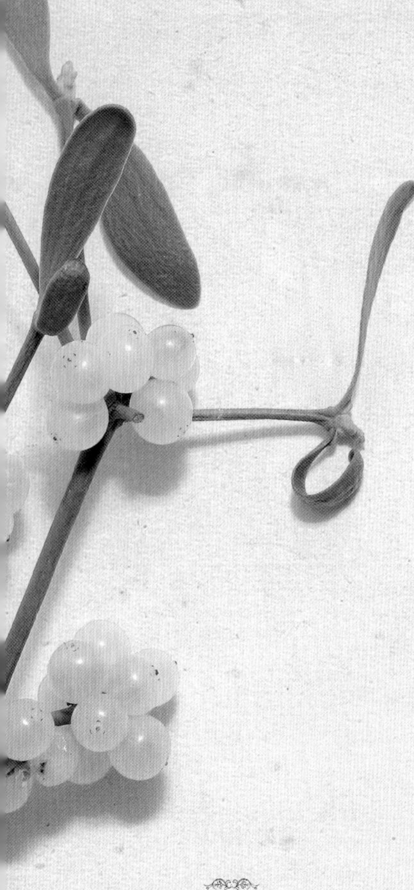

槲寄生

Viscum album L.-槲寄生科

有益的寄生

植物特征

半寄生植物，生长于苹果树、杨树等树上，有时也见于栎树，树叶常绿，呈球状生长，果实成熟后呈白色半透明，开黄绿色的细小花朵。

悬于客厅的天花板下，放在夫妻的床头，在漫长的岁月中，槲寄生一直被当作强有力的保护植物，对抗雷电、疾患、噩运、背叛、火灾、疫病、歉收、洪灾……没有任何不幸，是槲寄生对付不了的。

——坎宁（Cunningham）

常绿的槲寄生

在严冬之际，看到槲寄生的绿叶和永不枯竭的生命力，德鲁伊们对这种生长于某些栎树枝上的植物充满无限崇敬。在他们看来，“栎树之水”也就是作为树之灵魂、充满智慧和力量的汁液，在冬天得到槲寄生的庇护。汁液给这种球状植物特殊而脆弱的能力。只有通过一种仪式进行采集，才能阻止这些有益的能力消失无踪。采集应在新月之后的第六日、适逢冬至之时进行。一名身着白袍的德鲁伊攀上栎树，用金镰刀割下一簇槲寄生，同时说出咒语“O ghel an heu”（愿小麦发芽）。这句话歌颂以小麦为代表的大自然复苏，随着时间流逝发生演变，在中世纪变成“新的一年在于槲寄生”。站在栎树下的助手摊开一块白布，防止槲寄生落地时失去功效。具有保护功能的珍贵植物被切成小块并分配给助手。

食用槲寄生可以让人变得不可战胜，随身佩戴槲寄生或悬挂在住宅和畜栏里，可以抵御巫术、妖法和盗窃。在20世纪，列车车厢里摆放这种神奇植物，用来防止列车出轨。在摇篮上方悬挂一枝槲寄生的枝条，足以驱逐想抱走婴儿的仙女。在住宅内悬挂槲寄生，可以让家人得到幸运和保护，这是所有人都知道的。不过，不要忘记在槲寄生枝条下放一枝冬青，这样别人的好运就不会对你造成侵害了。

“O ghel an heu”。

采集槲寄生

德鲁伊只用金刀砍伐槲寄生，其他金属可能损害槲寄生的功效。但是雷恩附近的人们过去认为，无论用什么材料的工具砍伐槲寄生都会立即招致不幸。因此他们喜欢徒手把槲寄生拔下来。最后我们坚决要谴责沃洛尔希（上索恩省）的居民，他们过去从别人那里偷窃槲寄生，因为他们相信只有偷来的槲寄生枝条才能带来好运。就像你看到的，人们的想法多种多样，你可以自由地做出选择，当然要凭着自己的良心……要明白，槲寄生越茂密，结出的浆果越多，它带来的好运就越多。

德鲁伊采集槲寄生，这是西方文化中的一个象征。

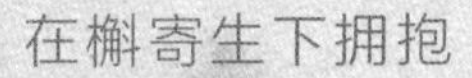

在槲寄生下拥抱

在槲寄生下进行传统式拥抱，表达友谊和爱情，早在公元2世纪就流行起来了。

并非不劳而获

槲寄生是一种半寄生植物。它从大树上吸取一部分汁液，同时自己也进行光合作用。到了冬天，它似乎把自己合成的部分营养回馈给所寄生的大树。因此，槲寄生只有大量生长时才成为祸害，而这是鸫和莺的责任，因为它们喜欢槲寄生的白色浆果，吃过之后把种子散播得到处都是。

在槲寄生下拥抱，这是有道理的。

不过你是否知道，想要避免麻烦，必须遵守某些不可逾越的规则？槲寄生必须采集于圣诞节之前，而且必须在 1 月 6 日的夜间烧掉。否则，跨年夜在槲寄生的绿枝下拥抱的夫妻，将在整整一年内争吵不停！

收入来源

有一种迷信说法，在悬挂槲寄生的天花板下行走，却没有看到槲寄生，可以让人马上发一笔财。不过确信无疑的是，槲寄生能让某些人挣些小钱。

售卖

“来买新鲜槲寄生！新一年的槲寄生！”“来买新鲜槲寄生，锦绣一年的槲寄生！”这些是流动小贩售卖槲寄生的叫卖语，他们把槲寄生挂在栎木或桦木棍

带来噩运的槲寄生是存在的

绝不能把一株树上所有槲寄生都采下来，这会带来噩运。还有，在瓦朗斯附近地区，作家埃洛伊丝·莫扎尼（Éloïse Mozzani）曾经写道，“经过一株生着槲寄生的苹果树，或是从这株树上摘果子吃，是有中邪危险的”。

药用价值

槲寄生过去被叫作“万灵药”，用于治疗五花八门的疾病：丘疹、肿瘤、妇女不孕不育、中毒、癫痫，甚至风湿性舞蹈病！今天，槲寄生的镇痉、镇静和降压功能在医学上得到认可。

子上向行人叫卖。在20世纪初，很多人从布列塔尼和诺曼底地区采来这种绿油油的球状植物，拿到巴黎和伦敦的街道上贩卖，因为那里的人们特别喜欢槲寄生。

新年礼物

在19世纪和20世纪初，布列塔尼地区的穷人会挨家挨户祝贺新年。他们说些吉祥话并赠送槲寄生树枝，换来一些食物甚至几枚小钱来贴补生活。在12月31日，雇员同样也会向经理祝贺新年，换来一件礼物。

槲寄生可做药材，但也有剧毒，这一点我们务必牢记。

相比迷信来说，采集和售卖槲寄生能更快挣到钱。

冬青

枸骨叶冬青（*Ilex aquifolium* L.）–冬青科

像冬青一样油光满面

植物特征

常绿灌木，叶片边缘呈波纹形并带刺，5月和6月开白花，雌株在秋冬季结红色核果；见于树篱和林下灌木。

从流血开始

在早期基督徒眼中，冬青的红色果实象征着头戴荆棘王冠的耶稣的血滴。根据这一观念，教会在公元4世纪下令禁止在圣诞节期间使用槲寄生，因为它与德鲁伊崇拜有关，并且试图用冬青来取而代之。由于冬青带刺的叶子被认为具有驱逐邪恶的力量，它的四季常青也代表着大自然的生命力，因此冬青很快就成为隆冬之际颇受欢迎的客人，为家人健康提供各种有益的功能。

年末的庆祝

如果我们相信迷信的说法，要是不在大门和住宅内悬挂冬青，这个圣诞节将会过得十分凄凉。缺少冬青相当于度过糟糕的节日……

因此，你一定要用红绿两色交相呼应的漂亮冬青来装饰客厅。不过，希望你不要因为急着做好事情，却让自己做蠢事！因为一定要谨慎地在平安夜之前采集冬青，否则逝者和生者都将给你带来各种各样的失败……似乎仅仅这么做还不够，英国人建议在1月6日后把冬青全部扫地出门。只有老天才知道，忘记这么做能导致什么不幸！

耐心的回报

把一截冬青枝放在匣子里，如果你能耐心地等到新年再打开，它就能给你带来好运。我们保证它将帮你下定新的决心。

微小的幸福、不起眼的职业和微不足道的收入……就是如此。

A. de Nussac, édit. Guéret
1072. AU PAYS CREUSOIS — N'en valez-vous do l

夫妇

在冬青树枝下拥抱，有助于梦想成真。英国人认为，仍然需要把雌冬青的枝条（无刺）和雄冬青的枝条（叶边缘有刺）混在一起，否则夫妻当中一方的愿望会妨碍另一方的愿望……

远离暴风雨

不仅夫妻之间会产生愤怒的暴风雨……当天上降下暴风雨，中世纪的农民们会紧攥一枝冬青，神甫们已经为这枝冬青举行祝

不同寻常

塔斯马尼亚生长着世界上年龄最大的存活植物：一种名为 Lomatia tasmanica 的冬青。对一片碳化树叶进行碳 14 年代测算，显示这株植物在史前时代就生根发芽，已经存活 43000 年，并进行了无性繁殖：它繁衍的同类在一条湍急河流的岸边绵延超过一千米。

时髦的装饰

《比利时及国外园艺杂志》记载，阿尔代勒子爵夫人在一份 12 世纪的手稿中发现，冬青在传统上作为幸运物的用途。这一发现成为比利时人喜爱冬青的源头。1880 年，所有以风雅闻名的沙龙都饰以大量冬青，绿叶红果展现出最佳装饰效果。

冬青和槲寄生是祝贺新年的两份密不可分的贺礼。

双刃剑

高卢人有一个古老的习俗，每个丈夫要在房顶悬挂的冬青树下祝愿妻子新年快乐。有人恶意地揣测，在浪漫的外表下，这一仪式实际上是丈夫对妻子的警告。如果女子在新的一年里对丈夫不够顺从，那么谨慎的惩戒将让她们走上正道……

圣仪式，并把它放在教堂门前或祭坛上，保护人们免遭天雷袭击。夜晚也让某些人无法安眠并感到十分恐惧。在某些文化中，人们把噩梦当作一种恶鬼，认为它制造了痛苦梦境，让睡觉的人感到鬼压身。为了阻止这些夜访者，苏格兰人总不会忘记在床边放一枝冬青。

有一种迷信说法，冬青树叶的锯齿状小刺也能够驱逐巫师及其巫术。在欧洲，人们过去大量使用冬青。在下诺曼底地区，人们把冬青叶丢在牛奶里，以此来祛除不怀好意的巫术。在中世纪，比利时的车夫秘而不宣地把冬青木钉在大车上，希望巫师因为害怕冬青而不敢对乘客和车子造成伤害。

名中带有吉祥之兆

19世纪80年代，威尔科克斯（Wilcox）夫妇在洛杉矶郊区获得一大片土地来建立自己的农场。农场的女主人把它命名为“Hollywood”（好莱坞），意为“冬青树林”，不过这块土地周边没有一株冬青树。之所以起这个名字，她后来解释道，一是出于迷信的念头，二是这个词听起来很悦耳。

金钱

据说冬青可以招来财运，因此它成为某些美国商人最喜欢的吉祥物。有人相信，只要在午夜之后把一枝冬青泡在葡萄酒里，然后把这根冬青树枝带回家，

冬青的轮廓，尤其是叶子的轮廓广泛用于各种吉祥图案当中。

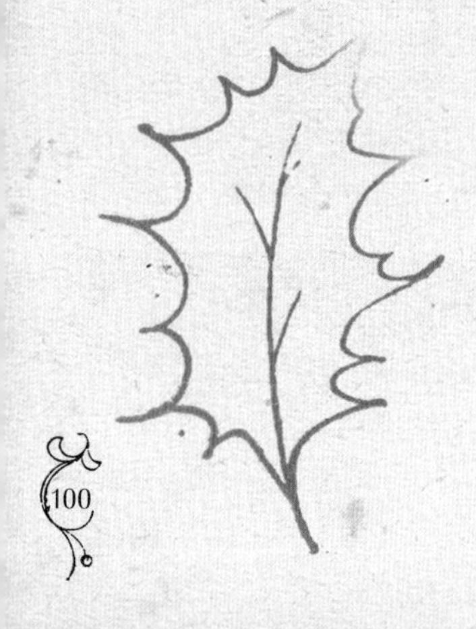

就能坐拥无尽财富！喜欢寻宝的人务必要知道，在清晨之际采两枝冬青树枝，可以为你显现隐蔽的宝藏。如果这样都不能让你发财，那也真是没办法了！

只要请求，就能获得心中的幸福。

冬青的两面性

由于叶子上有刺，冬青被人看作是魔鬼的产物，魔鬼本来想把神创造的两种树木复制出来，却没有成功。贝阿恩人因此认为，冬青是月桂树的拙劣仿制品，布列塔尼人则认为是栎树的仿制品。或许出于这一原因，比利时瓦隆人使用冬青的刺来签署与魔鬼之间的条约……不管是不是魔鬼附身，冬青都存在一种不良的两面性，因为它是巫师的保护者，也乐意为所有想制作魔法棒的巫师提供木材！

冬青带来好运的另一个鲜活例子，在不动产方面。

月桂

Laurus nobilis L.–樟科

胜利者的幸运

植物特征

常绿灌木，高2米到10米，
具有香气，
由多条竖直枝杈组成；
互生树叶，有光泽，
韧度较大，叶片椭圆，
边缘呈波浪状起伏；
开近白色小花，
形成很多小伞状花序；
核果或浆果成熟后为黑色，
只有一粒种子。

永生的象征

一则希腊神话讲述，仙女达佛涅被诸神变成月桂树，以逃避阿波罗的纠缠。阿波罗亲吻了月桂树，让它获得永生。这个故事的灵感显然来自月桂树常绿不凋的树叶。在地球另一端的中国人把月桂当作长生不老的象征。虽然在神话传说中，月桂是永生的标志，但是民间传统上赋予月桂树多种有益的能力。

三种幸运功能

月桂的有益属性如此强烈，只需要随身携带一枚月桂树叶就能保证旅途上逢凶化吉。相信这种说法并且希望获得一切好运的年轻人，因为担心被征召入伍，便制作一条月桂树叶项链。在征兵抽签之前佩戴这条项链六个星期，可以让佩戴者抽到一个吉祥号码，避免入伍参军的命运。

很多神话传说都提到月桂。

月桂也是爱情的好帮手。我们非常建议夫妻二人各自保存来自同一月桂树枝的两根枝条。传统上认为，这样可以让夫妻二人长时间相敬如宾。作为夫妻之间持久爱情的保证，月桂也出现在罗马、科西嘉和朗格多克的婚礼上，通常制作成花边装饰，悬挂在新婚夫妇的房门上。有一种迷信的说法，月桂

种在房前，能够让家人获得幸福。在古罗马时期，人们把月桂种植在神庙和皇宫前，不过这样做另有原因。古罗马人非常相信月桂树具有抵御雷击的功能。一听到轰隆隆的雷鸣，提比略皇帝（Tibère，拉丁文Tiberius，亦译为提贝里乌斯，在公元14—37年间担任罗马皇帝。——译注）就戴上一顶月桂帽。这种迷信跨越了国境，法国人过去也在帽子上别一小枝在圣周五（纪念耶稣被钉上十字架殉道的基督教节日，日期在复活节前的星期五。——译注）或棕枝主日获得祝福的月桂。

主的赐福

棕枝主日是在封斋期的最后一个周日进行庆祝的基督教节日。这个节日纪念耶稣进入耶路撒冷城，得到大批挥舞绿枝、兴高采烈的群众欢迎。为了纪念这个隆重的入城式，信众们在这天的弥撒期间会拿上各种树枝，不同地区使用不同种类的树枝。黄杨、油橄榄、松树、月桂等等只是其中的一部分，这些树枝在弥撒中得到赐福，并被人们带回家里保存一年。过去的人们认为这些长着绿叶的树枝具有奇异的功能。可以防御雷击、巫术，甚至窃贼和幽灵！梅多克地区的葡萄种植者在葡萄架上绑一根得到赐福的月桂枝，保护葡萄藤免遭霜冻冰雹的伤害。

月桂贩子虽然面目可憎，却能带来幸福。

众所周知，幸福需要悉心呵护。

获得赐福与树枝的装饰

19 世纪初，普罗旺斯人常常拿各种饰物和水果来装饰月桂树枝。尼斯人用小十字架和糖渍柑橘做装饰，土伦地方的人们还会拿香料面包做成小人或用面包皮做成骑兵来做装饰。

在棕枝主日期间，法国人常常使用月桂树枝。基督徒们通常手持一小根树枝，不过，朗德地区夏洛斯一带的农民生性豪爽，索性把整株月桂树搬到教堂

祛病的月桂

古罗马神话中的医神阿斯克勒庇俄斯通常头戴一顶月桂帽，因为据称月桂具有祛除一切疾病的能力。月桂确实具有防腐灭菌的作用。在古罗马，病人的门口往往挂一根月桂树枝。在黑死病肆虐时期，人们把这些月桂树枝丢在壁炉炉膛里烧掉，用来抵御疾病。

多功能的桂冠

过去，古罗马诗人和竞技者、学者以及刚刚获得大学毕业文凭的学士，会接受一顶月桂冠，作为对他们功勋的奖赏。古希腊人认为，月桂的芬芳气味可以增强占卜能力。因此皮媞亚及祭司们在占卜前要在头上戴一枝月桂。

里！他们把这些月桂树带回家后，藏在角落里，直到复活节之前星期六到星期日的夜间。一过午夜，家里的男人就砍下几根树枝，摆放在房屋各处和畜栏里。最后，他要在田地的四角各树一根月桂树枝。然而，如果他无法在日出之前完成这件差事，那么接下来整整一年，他将在田里干出一桩接一桩的蠢事。

不情愿的独身者

几枚月桂叶是增加调料和汤汁香气的佳品。不过在比利时，人们会避免把月桂叶加到适婚年龄少女的餐盘里。根据传统的说法，月桂叶会让这个可怜的小姐整整七年都嫁不出去……

欺骗

古时候，罗马的商人前往古老的墨丘利之泉，祈求生意兴隆。他们先进行洗濯，而后把泉水倒入事先经过烟熏的水罐，以利于保持水质。回到他们的商店或摊位后，商贩们用一枝月桂蘸一蘸这珍贵的泉水，然后在售卖的商品上洒水。他们一边继续上述仪式，一边向墨丘利祈祷。商贩们祈求墨丘利神原谅他们最近所发的假誓，并帮助他们不断获取红利，哪怕是坑蒙顾客换来的！

在街上进行马车游行时，一个奴隶负责把月桂冠举在胜利者的头顶，他在这个胜利者的耳边低语：“别忘了你也终将魂归尘土！”

UN TRIOMPHE A ROME

常春藤

洋常春藤（*Hedera helix* L.）–五加科

紧紧挽住幸福

缠绵的爱情

常春藤的长长藤蔓缠绕墙壁和树木，而且它寿命极长，甚至可以活到几百岁，因此常春藤成为长久感情的象征，比如友谊和爱情。“永远在一起，至死不渝”，在旧明信片上代表年轻夫妇的常春藤，常常印有这句格言。为了永葆热恋和忠诚，盎格鲁–撒克逊人用常春藤的浆果制作符咒。在法国，陷入相思的女子会摘一枚常春藤叶，闭着眼睛把它放在胸口。到晚上，她们把这枚叶子藏在枕头下，一边想着与意中人的婚礼一边入睡。得益于这些做法，她们的梦境很有机会变成将来的现实。

加来海峡省的少女无意之间用到一种更加冒险的方法。她们在给爱人的信里夹一枚常春藤叶，以此祈求两人尽早成婚。她们不知道另一种迷信说法，这样做会导致她们未来的丈夫早亡……

植物特征

常绿灌木，木茎，
攀爬或匍匐生长，
在节间有攀缘茎；互生叶，
叶片坚韧有光泽；花朵为黄绿色，
顶生伞状花序，
花期为9月到10月；
结黑色浆果，成串生长。

辛酸的报复

在法国维埃纳地区的舒珀，如果落败于别的求婚者，因失败而愤恨的男人会在婚礼的道路上撒一些常春藤种子，目的是让新娘子永远生不出孩子。

夭折的幸福

在盎格鲁–撒克逊人所在的地区和北欧国家普遍存在一种迷信，常春藤爬上房屋，可以给家人带来幸福。出门在外，人们也可以随身携带一枚常春藤树叶，享受它的有益功效，招来好运和成功。我不知道凭借这个妙法，你到底能中彩票还是找到工作，不过无论什么时候都可以问问常春藤。唯一的困难在于，虽

“常春藤的小叶”给玛多·洛奈（Mado Launay）带来好运，助推了她的事业。

然你可能马上就能看到事情的结果，但是常春藤只能在九天后给你答案。这个方法虽然不怎么有效率，但是做法异常简单，只需要把常春藤叶子丢到水里。如果在一定期限内叶子浮在水面，就代表成功可期。在美国，女商人把常春藤当作自己的特别幸运符，英国的少妇经常祈求常春藤保佑未来的幸福生活。不过在怀孕以后，她们就不再接触常春藤，因为害怕这种植物导致流产。必须承认，人们过去使用常春藤、芸香、欧芹等植物来堕胎……

我爱你……那是不可能的

为了证明对未婚妻的爱恋永恒不变，在4月30日到5月1日的夜间，小伙子们把常春藤放在未婚妻的门口。不过，独身的女人若是在第二天清早发现自家门口也放了常春藤，那她就该明白，自己让人感到太难缠了！

友谊、爱情，常青藤象征所有真挚而高尚的感情。

圣母百合

Lilium candidum L.–百合科

皇家的幸运符

植物特征

多年生草本植物，球形鳞茎；
茎直立，圆柱形；落叶，
互生，披针形、呈鳞片状；
花大，白色，有香气，
成束生于茎顶，
花期为5月到9月；
果实为长形蒴果，
内含多粒种子。

并没有那么纯洁无瑕

古希腊神话中提到，第一朵圣母白百合来自天后赫拉为儿子赫拉克勒斯哺乳时滴下的一滴乳汁。美丽的阿佛洛狄忒发现洁白无瑕的圣母百合让她白瓷般的皮肤黯然失色，不禁妒火中烧，于是让花朵中心长出一条硕大的雌蕊，好似驴的阳具。

于是，圣母百合一方面以花色代表纯洁无瑕，另一方面又以雌蕊代表放荡不羁。以圣母百合象征圣母马利亚的纯洁无瑕，又把它的生殖隐喻献给婚姻的保护者圣安多尼。

王室之花

圣母百合长期被当作王室象征，不过它其实是个篡位者。路易七世选择黄菖蒲作为标志，并命名为“路易之花”。大多数历史学家认为，这一名称在历史过程中发生变异，最终成为“百合花”。

给男人带来幸福

在滨海夏朗德省的容扎克附近，过去一到圣约翰节的时候，人们就用圣母百合制作大十字架。神甫为

这些十字架行过祝圣礼后，人们举着它们，放到庆祝夏至的火堆接受烟熏。把这些十字架悬挂在住宅的门上，任何疾病和不幸都不再影响家人的生活。

还有一个流传更广的说法，圣母百合可以抵御幽灵和巫师。

最后，是一个带有轻视女性意味的迷信说法！

在春天，见到的第一朵野生圣母百合可以带给男人活力和成功。不过，它会让女人变得矜持端庄。我们女人要谦卑到这种地步吗？

禁止入内

如果相信英国人的说法，百合花是丧事用花，那么在家里摆放百合可能导致一名家人死亡。在法国，唯独圣母百合不能放在卧室里。他们认为熏人的花香会让睡觉者患上严重的头痛甚至昏厥。

婚姻的守护者

由于熏人的花香和让人浮想联翩的雌蕊，圣母百合与性和情爱产生联系。因此，把百合的根部制作成坠饰并随身携带这件饰物，可以得到真挚的爱情。

即将完婚的准夫妻，要记得在婚礼前把一支圣母百合放在花瓶里，一直放到花朵干枯，这样可以为他们的结合带来好运。在古希腊的婚礼上，新郎和新娘从宾客那里收到圣母百合，据说可以带给这对夫妻幸福和子嗣。

矜持端庄的女性让人大加赞赏。

茄参

欧茄参（*Mandragora officinarum* L.）–茄科

恶魔般的幸运符

植物特征

多年生草本植物，
叶大而宽、根部肥厚，
通常分叉，
类似生有两腿的人形，
开紫花，结小浆果。
产于地中海沿岸地区。

双重身份

自公元1世纪起，古籍上出现两种茄参[茄参（mandragore）即为传说中具有魔力的植物曼德拉草。——译注]：雌茄参（根部外黑内白，叶窄，有恶臭，果实为淡黄色）和雄茄参（根部为白色，果实为橘黄色，更为粗壮，有香气）。实际上，茄参的所有花朵都是雌雄同体的，单株就可以结果实。所谓雌茄参是地中海地区的一个品种 autumnalis，过去被当作雄茄参的是白茄参（欧茄参）。

茄参让人深感着迷，某些根茎的人形外表被赋予特殊的能力，尤其是提升运气的能力和保护能力。

随身携带一小块茄参块根，可以保证获得多种好运：它能抵御疾病和巫术，让携带者打赢官司，生意上不断成功，同时还能保护幸运的主人免遭窃贼和伤感情绪的侵扰。茄参还能保佑少女得到别人的求婚，让男子增加魅力，变得无法抗拒。还没完呢！据说茄参能够带来财富，把一枚金币放在它的根下，一晚上就能变成两枚。不过切勿常常使用这种办法，否则这个“光荣之手”——过去人们这样称呼它——可能促

根的形状从古至今激发人们的想象。

使主人去偷别人的财产……

带来噩运

传统上认为，轻率地拔出茄参有时让这个冒失鬼失明，有时让他丢掉性命，要看情况……

茄参的根茎需要疼爱

茄参显然能够带来幸福，但条件是它必须得到细心照料。有幸拥有一株茄参的人切勿忘记要把它常常浸在牛奶、红酒或温水里。要用丝绸裹着它，每天供它两顿面包干或肉食——哪怕茄参什么也不吃——然后让它舒舒服服地躺在小匣子里。

如果这些条件没有得到严格的落实，茄参根将哀怨地尖叫，将带给主人不幸，甚至导致其死亡！

爱情、荣耀和生子

“它能让少女出嫁，让人得到爱情，让夫妻生儿育女；它能提高牛的产奶量；它能让人事业进步；它能带来财富、繁荣以及和谐，等等”——米尔恰·伊利亚德［Mircea Eliade（1907—1996），罗马尼亚宗教史学家和小说家。——译注］

挖掘茄参

茄参在欧洲非常罕见，而且不是在哪里都能生长的。据记载，茄参通常藏身于处死无罪者或保有童贞者的死亡轮（一种车轮形的刑具。——译注）和绞刑架下。这是刽子手的一门好生意，他们根据受刑者的脑袋长度得知需要挖多深才能发现它的根……

阿尔贝-马里·施密特［Albert-Marie Schmidt（1901—1966），法国历史学家。——译注］曾经写道，茄参也可能“从一场神雨中落到小小地洞的胚芽中萌发，星辰之水赋予它生命”。

挖出根茎的时候要小心，茄参的悲鸣让人的耳朵和神经无法忍受。

弄虚作假

茄参的根有利可图，让某些人不惜造假。他们用细线把还未成熟的泻根和芦苇根绑成人形，在根的上部（将来的头部）嵌入黍粒和大麦粒，再把它埋进沙土。20—30天后，造假者把根挖出来，修剪谷物的细芽，冒充茄参的头发和胡须。

在这种情况下，可以在栎树、榛树和槲寄生所寄生的树木的根部发现茄参。

不过，不管茄参从哪里生长出来，如果有不纯洁的人靠近，它们常常从四通八达的地道里逃走。为了哄骗茄参，通常采用的方法有禁食、祈祷，用经过祝圣的露水来净手，把经血和女人尿液洒在茄参上面等。然而，让茄参静静地待在原地只是第一步，还有最危险的：把茄参的根拔出来是无比凶险的。

茄参显然不会给狗带来好运。

各种魔法书和秘籍建议，用一条黑狗把茄参拖出来，并提供了两种操作方法。第一种办法是把这条可怜的狗，连同血液以及用蝙蝠和黑鼠浸泡的药剂一起，丢在茄参旁边的一个地洞里。第二种办法是用女人的尿液来松土，然后用一根骨头把根部整个挖出来。

在这两种办法里面，采挖

佯作逃跑

认识到茄参的麻醉效果，汉尼拔使诈让敌人相信，他的军队已经仓促逃离军营，撇下食物和酒桶。被胜利冲昏头脑的士兵，毫不疑心地把长时间浸泡茄参块根的酒喝到肚子里。汉尼拔远远地看到敌人纵酒狂欢，于是把陷入昏迷的士兵统统宰杀，没有遇到任何抵抗……

茄参生长在绞刑架下，得到男性被绞死者的精液浇灌，这是每个收集绞刑麻绳的爱好者都知道的。

或许人们可以很容易地采集它，这种小小的植物终究看起来是无害的。

者随后都要把狗和茄参拴在一起，然后塞住耳朵，于是当茄参被拔出生养它的土地时，就听不到它发出的尖锐致死的鸣叫了。狗一完成这个任务，通常都立即死掉……主人要把它和一大块面包、一把盐和一枚钱币埋在土里，作为拔去茄参的交换。这样他就逃脱了大地的怒火。

药用价值

虽然今日已不被当作镇痛药使用，不过茄参的镇痛功效自从古代就被人熟知。古希腊著名医学家希波克拉底利用茄参的镇痛效果为病人截肢。

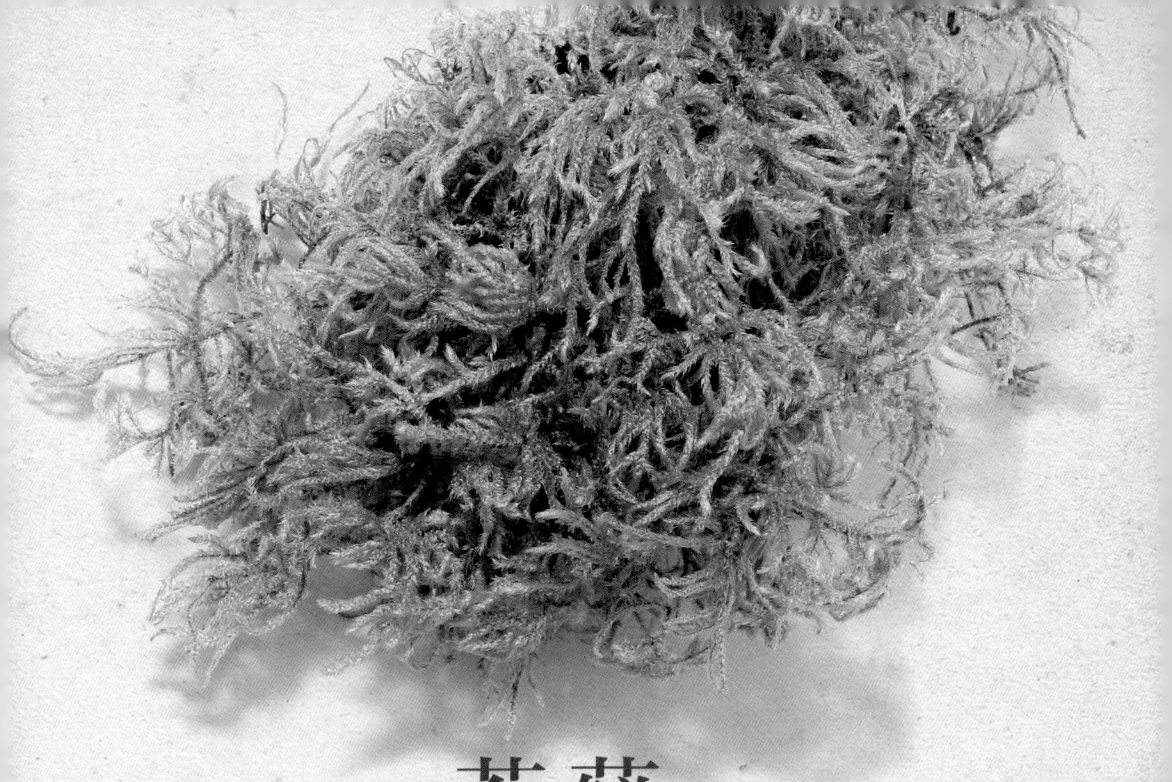

苔藓

苔藓带来的小幸福

植物特征

微小的叶绿素植物，
没有汁液导管和根；
茎短，叶多，直接吸取
生存所需水分；有些种类的
苔藓生长在水（淡水）中，
但大多数品种存活于多种
环境下：土壤、树木、
岩石、墙壁、屋顶……

一种苔藓，一种用途

过去的人们相信，每一种苔藓都有独特的功效可供人们应用！保护住宅免遭雷击，要摘取水生苔藓，铺在房顶上。要注意，把这种苔藓晒干，放在小袋里随身携带，可以让你得到一笔遗产！如果你要做一笔大生意或者签署一份合同，要采集朝阳的石头和墙壁上生长的干苔藓。如果心中有所思恋，到树林里寻找海绵状的苔藓，将让你获得幸福。

苔藓的质地并不是决定它具有哪方面幸运功能的唯一因素。有时候，苔藓生长的处所可以决定它的特性。因此，在船体上生长的苔藓是预防晕船的灵药。只要把它团成一团，乘船

特殊的苔藓

泥炭藓是一种生长在极端潮湿的酸性环境中的苔藓。一旦腐烂分解，它们就沉入水底，经过慢慢沉积变成泥炭。泥炭藓的特别之处在于，它能够吸收达自身脱水重量 30 倍的水分。

的时候放在嘴里就可以。生长在十字架上的苔藓可以有效防止牲畜遭人下咒。但是与从墓地采来的苔藓相比，它们全都黯然失色，因为墓地苔藓自古以来被当作极灵验的护身符！

吸收污染物

德国波恩大学的研究人员研究了苔藓吸收大气污染物的能力。他们得到令人鼓舞的结果，在波恩 A562 号高速公路边上种植了苔藓带。

苔藓学校

有些东西或许在苔藓学校［苔藓学校（école des mousses）是法国一所海军学校。——译注］学不到，不过在魔法学校可以学到。

神仙的礼物

你知道 Moosweibchen 吗？它是一种生活在德国森林里的苔藓小仙女。这些善良的小仙女喜欢用苔藓编织奇异的衣服。如果你得到它的青睐——想讨好它，建议你送给它鲜花和牛奶——它会送给你一件具有护身作用的鲜艳衣服。

屋顶的不幸

盎格鲁-撒克逊人有一种迷信说法，一定要把潮湿屋顶的苔藓去除干净，因为它会给家人带来不幸。

一座被苔藓完全覆盖的桥，人们可以安全通过。

铃兰

Convallaria majalis L.–百合科

好斗的幸运物

铃兰的来源

在古希腊神话传说中，创造铃兰的是阿波罗，他用铃兰铺垫帕纳塞斯山，让九位足掌柔嫩的缪斯女神轻松安全地走在芬芳的草坪上。铃兰最出名的一个别名“帕纳塞斯山的草坪”就来自这个传说。

铃兰还有一个别称“圣母马利亚的眼泪”，根据另外一种说法，铃兰诞生于圣母为十字架抛下的眼泪，或是圣伦纳德与恶龙战斗时洒下的血滴。显然是因为这个虚构的来源，基督教才认为铃兰生长于天堂之门。当有人够资格进入天堂时，纯洁无瑕的铃兰花就摇响小铃铛。

带来幸福的铃兰

在4月底，春天终于来到你的花园，几天来，一大片美丽的铃兰花肆意地开放！不能否认，你忍不住想提早采一两支铃兰献给心爱的人。不过你无论如何都要按捺住这个焦急的想法！因为，虽然5月1日收到铃兰花是一个好兆头，但是在这一天之前或之后赠送铃兰，都会让人感到不快。铃兰是很难伺候的，因为只有长着13朵花的铃兰枝才能赐予幸福。有人自作聪明地从长多了花朵的枝头揪下一朵花来，要注意，这个小聪明会给赠予者和接受者都带来不幸。

植物特征

多年生草本植物，大叶，
春季开白色小钟形花，
总状花序，有花葶，
秋季结红色浆果，
自然生长于树林中，
在花园中易存活。

有毒的幸运物

在美丽芳香的外表下，铃兰有一个可怕的缺点：它从头到脚都含有大量有毒物质！咀嚼浆果、吮吸枝条、吃下叶子或喝掉花瓶里的水，有些冒失鬼的确会这么做，会导致腹痛甚至心血管问题，大量摄入甚至导致死亡。哪怕把几枝铃兰放在房间里，也可能让有的人感到不舒服，让他们感到头痛，出现痉挛。

德国有一个关于白衣仙女的传说，据

一捧新鲜芳香的美丽铃兰：沐浴爱河真是幸福！

幸福在小树林里

在第一次世界大战期间，只有树林里的铃兰才被认为能够真正带来幸福。

正如1915年5月1日发表的一篇文章所说，盆栽铃兰声望不高："……要当心整株的铃兰，它们可能来自德国；只有法国铃兰才能带来幸福，它们是切下来的。不过，即使清楚其产地，公众也对铃兰产生憎恶，因为它的钟形小花让人联想到敌军的头盔。"

最货真价实的铃兰是生长在树林里的。

不合时宜的皇家礼物

宗教战争期间饥馑肆虐，查理九世想安抚他的臣民，送给每人一枝能带来幸福的铃兰。可怜的人们以为收到的是某种生菜，于是把它吃掉，结果被国王毒死……

说她阻止任何人从树林里采摘铃兰，显然这个传说的流传是为了吓阻小孩采摘和吃下香喷喷的铃兰。美国作家斯科特·坎宁安（Scott Cunningham）承认铃兰是危险植物，不过他援引古埃及人的做法，鼓励读者经常呼吸铃兰的芳香来刺激记忆力、智力和创造力。当然，要避免滥用这种方法。

五月的传统

“那一天，要赠送铃兰，

也要收到别人的馈赠。

赠给所爱的人，

从爱你的人那里接受……”

雷米·德古尔蒙（Rémy de Gourmont）

只有自以为是、举止粗鲁的人才不喜欢铃兰朴实无华的小花。希望瞧不上它的女士们把它留给我们这些懂得欣赏的人。

5月1日赠送铃兰的风俗起源于1560年。那一年的5月1日，骑士路易·德吉拉尔把一束芳香的铃兰花作为幸运物赠送给年仅10岁的查理九世。次年，国王——也有版本说是骑士——在同一天把铃兰花送给宫女们，希望给她们送去好运。但是这个令人愉快的做法在当时并未持久，直到几个世纪后，法国的这种传统才在两个组织的推动下重新流行起来。

赠给总统的铃兰

在19世纪90年代，巴黎旧菜市场的搬运工行会在每年5月1日向法国总统赠送铃兰花。这一举动远早于农田收获季节，他们想以此表达对国家农业生产繁荣的期望。如今，兰吉国际大市场的一个委员会每

如果害怕在树林的凉风里生病，可以手工制作阿尔及利亚铃兰。在冷水里滴几滴硬脂精，就可以形成人造的钟形花朵，把它们挂到树枝上就可以了。

年在同一天向法国总统夫妇赠送铃兰花篮。

阿尔及利亚铃兰

[阿尔及利亚城市贝贾亚（Bejaia）旧称“Bougie”，法语为“蜡烛”之意，因而人们讹称这种小花为“阿尔及利亚铃兰”。——译注]之所以叫这个名字，是因为它是用蜡烛做的。

高档定制服装业的往事

1900年5月1日，巴黎大区的高档服装定制业主在沙维尔树林举办了一场盛大的节庆活动，把吉祥的铃兰赠送给客户和雇工。有些财大气粗的客户看到他们获赠如此普通的礼物，而且与地位低微的工人待遇相同，因此感到非常气愤。但是工人们却因为得到雇主的关怀而很开心，于是每年5月1日在上衣上别一枝铃兰，后来也开始向别人赠送铃兰。于是很快在巴黎和外省形成一种时髦风气，赠送铃兰的传统终于形成。

铃兰的节日

1906年5月，朗布依埃市长组织了首届“铃兰节”。这次节日得到当年的《小日报》杂志大力宣传，

迪奥

铃兰是克里斯汀·迪奥最喜爱的花，自然而然成为他的时装品牌的标志。根据传统，他在每年5月1日把芳香的铃兰花赠给客户和雇员。迪奥在1954年以铃兰命名一个产品系列，在1956年命名一种香水，最后在1957年命名5月的月度裙装。生性迷信的他在时装表演前，要在每名模特儿的衣服褶边处别一枝铃兰。

迪奥死后，伊夫·圣洛朗继承了他的事业。1958年7月30日，在第一次时装发布会上，他在自己的黑色西服上别了三枝铃兰以纪念逝者。

主持者是于泽斯公爵夫人，在第二年大大扩大了规模。差不多有150名儿童穿着插满鲜花的衣服在大街上游行，争夺最高奖“金铃兰奖”。在法国的某些地方，以白色铃兰花的名义举办铃兰女王评选、花车表演和单身舞会……

“赤色铃兰”

1929年，法国共产党机关报《人道报》出现财务困难，决定在5月1日售卖铃兰拯救报纸。这一举措大获成功，直到今天还在延续，以为该党筹集经费。

铃兰花的淡香气味让香水制造商趋之若鹜。对我们敏感的鼻子来说是个好兆头。

劳动节

这个节日也常常与铃兰联系在一起。不过这个节日最初与铃兰花没有一丝一毫的关系。游行者最早举着红色犬蔷薇花，直到1907年，才有人在衣服上别铃兰花。1941年是个转折，在贝当元帅统治下，铃兰最终取代鲜红的花朵，因为红花被认为左翼色彩过浓，不适合“劳动与社会协和节”。

贩卖

与5月1日牢不可分的铃兰对于某些想贴补家用的人来说是个好东西。只要符合几个条件，他们就可以自由地贩卖铃兰而不必缴税：没有桌椅，站着贩卖采摘的野生铃兰或自家花园的养殖铃兰，铃兰枝不能饰以其他植物或手工制品（如篮子或包装），不能向行人叫卖，根据某些城市的市政规定，要保持与专业摊贩相距40米甚至更远。

种植

野生铃兰不能满足5月1日的强劲需求。因此主要由南特地区的园艺家培植出两个变种：大花铃兰（Grandiflora）和数量较少的福尔坦铃兰（Fortin）。

花农必须经常应对天气问题，还要运用一些方法让铃兰花适时摆上商店的柜台。如果温度偏高，要进行通风、遮阳，甚至在养殖箱里加冰块。如果花期推迟，就要让它晒太阳促进开花。总之，白色的钟形小花需要无微不至的照顾，不过没有人会抱怨！

养殖铃兰，一种实现美好生活愿望的优雅细腻的手艺。

铃兰与5月1日是分不开的，这个日子让人忘记其他一切关于铃兰花吉祥功能的说法。

为爱情服务

19世纪，在维埃纳地区有这样一种说法，是关于铃兰花的迷人香气的：把一束锦葵叶和铃兰花扎成的花束送给一对男女，两人将不可遏止地坠入爱河。

桑树

白桑（*Morus alba* L.）、黑桑（*Morus nigra* L.）–桑科

桑树，不变的桑树

寻找双生桑葚

如果在一个晴朗的夏日发现双生桑葚，一定要咽下你的口水。你要把它分成两份，与所爱的人分享。布列塔尼人相信，这样可以给你的生活带来很多好运。为了给自己的住宅和家人带来幸福的一年，可以像意大利墨西拿人那样，在家里摆一根在圣尼古拉节（欧洲部分地区的宗教节日，通常在12月6日或19日。——译注）期间被祝福的黑桑树枝。不过，如果你梦想得到长久的幸运，那就要在住宅附近种植一株黑桑。传说一旦种上桑树，家里就充满福气，很值得一试啊！在中国古代，人们只给新出生的男婴举行一种仪式，祈祷他们未来吉祥如意……

他们一出生，人们用桑木弓把六支芦苇箭射向天空、地面和东西南北四个方向，代表中国的四大地区。经过这一仪式，四面八方的不幸都无法伤害这个孩子，而且他将具有远大的前程。

植物特征

黑桑

早落树木，产于欧洲；
阔叶，有不同形状，
通常为不规则锯齿状；
淡绿色雄花和雌花生于
不同的树枝；果实长形，先是白色，
到8月成熟时为紫色。

白桑

落叶树木，原产于中国，
引进欧洲用于养蚕；
淡绿色雄花和雌花在春季开花；
果实小而肥厚，由多个小核果组成，
颜色由白色和粉红色
变为深紫色。

让人倒胃口！

他把桑葚吃掉了。小心，这是第一个警告！

过去，上加龙省的父母想吓唬孩子，让他们不要吃桑葚，于是编造出可怕的警告。最轻微的警告是，吃桑葚让小孩头上生虱子。最严重的是，亡灵会趁小孩睡觉的时候咬他一口……

防身的桑树

为了挫败强盗的诡计，中国古代的巫师在深夜拔下自己的头发，朝着北斗七星挥舞一个用桑树枝制作的法器。在法国，很多农民都想方设法抵御巫师。为此，隆格多克地区的人们把黑桑树叶掺到草料里喂给马吃。

梦中吉兆

在梦中见到黑桑树，象征事业兴旺，多子多福。

桑树给整整一个行业带来幸福——天然丝绸产业。

榛树

欧榛（*Corylus avellana* L.）–桦木科

破壳而出的幸福

植物特征

落叶灌木，高可达10米；
叶椭圆形，顶端带尖，
两面均柔软有茸毛；
雄花（柔荑花序）和雌花
（花蕾）同株，
花期为3月到4月；
果实包裹在硬壳中，
夏末成熟。

棍棒出爱情

爱尔兰人眼中的知识之树，希腊人眼中的和谐之树，德国人眼中的生育之树……神话传说赋予榛树多种品性，并因此在多个国家产生很多迷信和仪式。

不忠往往导致夫妻之间产生剧烈争吵，如果两人不是互相撕扯，而是去采榛子，那么他们之间的争吵就会平息。这是夫妻之间和谐相处的最好办法。你好像不太相信……或许你更愿意采取预防措施，等到春天最初的蛙鸣之时，在两口子睡的床上用榛木棒连敲八下，听起来匪夷所思，但不试试怎么知道……

时间就是金钱

在圣诞夜，每株榛树上都有一根树枝变成金子。如果你在敲响午夜钟声的时候摘下它，它会给你一切能力，如果你动手慢了，等着你的将是死亡……

榛子和胎儿

榛树结果累累，而且藏在果壳里的榛仁就像胎儿被包裹于母亲的腹部，因此榛树在有关生育的仪式中占据重要地位。榛树出现在婚礼上，罗马尼亚人点燃榛木火把，过去俄国沃里尼亚地方的人把榛子抛给新婚夫妇，法国布列塔尼人在婚床的床脚摆放榛子，可以让新娘更加顺利地怀孕生产。

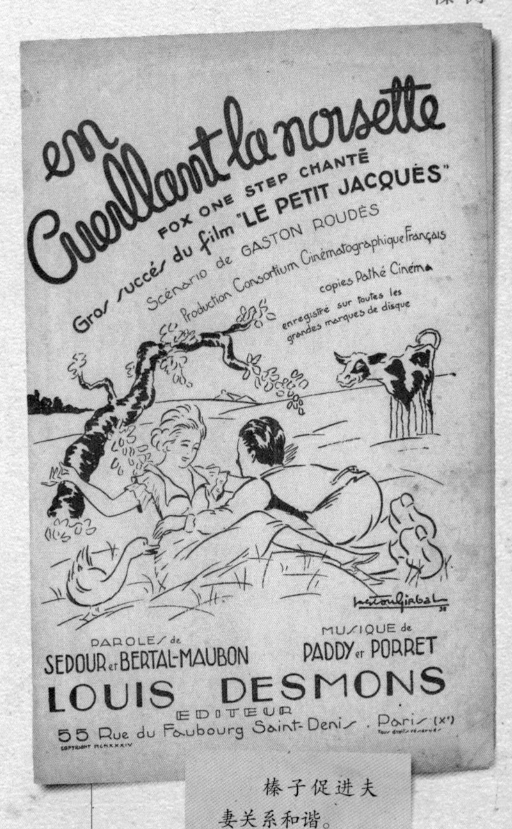

棒子促进夫妻关系和谐。

榛子钱包

在17世纪，波希米亚的勘探者寻找矿脉时，从一株从未结子的榛树上砍下一根自然开叉的树枝，作为他们的向导。人们相信榛树枝具有占卜能力，能够发现地下的水源，找到埋藏在地下的宝藏。在俄罗斯，如果能找到一颗双生榛子，就是非常幸运的。把它放在钱包里，能够把里面的钱翻倍。

生命的守护

法国人和比利时人过去都相信，随身携带一枚榛子，具有益寿延年的作用。列日地区的矿工还常常在表链上系两粒大小不一的榛子，以此免除艰苦工作的致死危险。

这不是闹着玩的

任何未婚妻都不能用牙齿咬开榛子壳儿，尤其是未婚夫在万圣节前一星期送给她的榛子！否则这个不幸女子的牙齿会在圣诞节坏掉，在复活节脱落……让最忠诚的爱人也要打退堂鼓！

除了带来幸运的功能，榛树还有很多用途。

胡桃

Juglans regia L.–胡桃科

沉浸在幸福之中

带来幸运的胡桃

敲开胡桃壳时，你会注意到壳的两部分紧紧连在一起，有时候难以分开。19 世纪时，皮卡第人相信这是婚姻的象征，可以保护他们的爱情，因此在结婚当年种下一株胡桃树。陷入思恋的英国人会与他们的意中人分享一枚胡桃果子，用这种方法获得爱情。更为普遍的认识是，在圣约翰节黎明之前，在房门上悬挂胡桃树枝或胡桃叶十字架，能够给家人带来幸福。

植物特征

树高10米，落叶，
叶椭圆形，有雄花和雌花；
果实秋季成熟；
青胡桃外包一层果壳，
果壳外面还有一层厚壳；
可以人工种植，
作为树篱或生长在潮湿的
树林里。

特别的护身符

果壳分为三片的胡桃非常罕见，因此在意大利和法国都被当作珍贵的幸运符。把这种胡桃放在衣兜里，可以抵御雷击、巫术、疾病，并保佑携带者获得巨大成功。不过要小心，不能因为疏忽而丢失或吃掉这枚果子，否则会招来极大不幸。

三片外壳的胡桃里存在备受追捧的所谓“圣灵”。这些部位形似钉子，位于分开胡桃果肉的两层假隔膜

当干完农活满头大汗的时候，胡桃树的凉爽树荫让人感到透心凉。其实没有什么神秘的。

的末端。

普通的胡桃被统称为“上帝的钉子”，与耶稣十字架不无关系。比利时人相信这个十字架是胡桃木做的，因此特别看重三片外壳的胡桃里面的“钉子”。把这个“圣灵”放在左脚后跟下或是鞋子里，可以带来好运和金钱。

两种疾病

“在胡桃树下睡觉，千万不要这样做！醒来的时候会患头痛或肺炎，我是绝不会这样做的……”偏见总是富有生命力，尤其是它多少有一点道理的时候。关于胡桃的气味就是这样，人们普遍相信，如果长时间待在胡桃树旁边，它会让人感到不适。胡桃树的各个部分确实含有一种有毒化学物质“胡桃醌”，导致某些植物无法在胡桃旁边存活。

不过要知道，这种物质主要存在于黑胡桃和灰胡桃中，在普通胡桃（也叫白胡桃）中含量微乎其微。

而且，树上直接散发出来的胡桃醌对人并无伤害。

我们再来看看第二项忠告：传统上不建议在胡桃的树荫下午休。罪魁祸首不是散发物，而是提供“凉爽”树荫的浓密树叶。农民劳作之后浑身大汗，可能在树荫下因为温差过大而着凉。

为了避免发烧、患上肺炎或胸膜炎，过去，法国人在胡桃树下睡觉之前，要朝树上扔一块石子，或是从树上折一根树枝。

甜橙

Citrus sinensis L.–芸香科

减少麻烦

植物特征

植株小，树叶釉色，常绿；
叶互生，坚韧；
白花，香气浓郁，五片花瓣，
在树枝顶部形成小花束；
果实为圆球形，呈黄色和橘色，
分瓣，大多数品种
含有籽粒。

甜橙象征爱情

甜橙拥有象征纯洁无瑕的白花，还有象征生育能力的众多种子，因此长期以来被人们奉献给婚姻。普罗旺斯的新娘们用甜橙花装饰婚礼花环，送给伴娘们。这些婚礼头饰保佑每个女孩早日步入幸福的婚姻殿堂。

在亚洲，与婚姻联系在一起的不是甜橙的花朵，

你愿意嫁给我吗？

过去，中国人求婚的时候赠给意中人一枚橙子[此处说法有疑问，或是指部分地区在订婚中赠送柑橘。——译注]。这件礼物非常珍贵，因为过去很长时间里，只有皇帝及其宫廷才能享用甜橙。

娇嫩微香的橙花是献给爱情的。

而是果实。越南人把橙子作为幸运之物送给新婚夫妇。在中国，第一次踏入夫家大门的新嫁娘都会获赠两枚甜橙。当天晚上她与丈夫分享甜橙，祈愿婚姻长久而幸福。

甜橙原产于中国，因此自然而然在中国迷信传说里面占有重要位置。

新年礼物

中国人在新年的时候给拜年的人回赠一两枚甜橙（此处似指广东部分地区在春节互赠柑橘的习俗，象征吉祥如意——译注）。这种甜蜜的水果象征美好的生活，他们以此祝愿宾主都能获得幸福。在安的列斯群岛也有相同风俗，不过接受礼物的人要掰开橙子，数一数里面有多少籽粒。籽粒越多，来年获得的金钱就越多。把这些籽粒保存在钱包里，可以额外增强财运。

挂在树上的心愿

不少中国人把希望寄托在林村祠堂前的两株榕树上（这两株许愿树位于香港新界大埔林村。——译注）。与家人有关的心愿要向较年轻的那棵树诉说，希望身体健康、学业事业成功，则需要向较老的那棵树祈祷。在新年的时候，人们几乎一窝蜂涌向那株老榕树。它的枝条被沉甸甸的橙子压弯，每个橙子上拴着一个红色或黄色信封，里面写有人们的心愿。根据这一传统，如果投掷三次以内，把橙子和信封挂在树上，那么心愿就很有机会实现，尤其是挂在较高的枝头上。由于老榕树处于危险境地，人们如今建议把橙子抛到较年轻的那株树上，或者把心愿信挂在旁边的铁架上。

除臭剂

美国著名扑克牌选手陈金海（Johnny Chan）每次打牌都要带一枚幸运甜橙。最初，在牌桌上放一枚橙子并没有任何迷信的说法，陈金海时不时嗅嗅它，以遮掩赌场的烟味，因为过去的赌场并不禁烟。

豌豆

Pisum sativum L.–豆科

好运的种子

植物特征

一年生植物，茎长，
叶互生，一组小叶对生，
在顶端发展为卷须；
根据品种不同，
花为白色、玫瑰色或紫色；
豆荚内生有多至十粒的圆形果实；
豆荚裂开表明豌豆种子成熟，
并从豆荚中脱出。

剥开豌豆荚的好处

自从速冻豌豆和盒装豌豆投入市场后，除了园艺工人以外，现在已经很少有人剥豌豆了。真是个严重的错误！因为只有剥豌豆时才能发现包裹九粒豌豆的豆荚，这是婚姻将至的预兆。所以，如果你渴望结婚，说出你的心愿，然后把豆荚剥下来扔到身后。

更普遍的做法是把这九粒豌豆带在身上或把豆荚挂在灶台下面，可以引来好运以及满足我们的基本需求。“九粒新鲜的小豌豆让你焕然一新！这是幸福存

危险的菜肴

要维持家庭和谐，我们必须告诉你，有种说法认为，豌豆的味道会导致不忠！

从圣诞节到新年之间，波兰农民从不烹饪豌豆。他们害怕这样会导致牲畜失明。

或许不能过度觊觎幸运女神的垂青。

在的九个证明！”这是过去的一种说法。在吉伦特省，人们在圣约翰节的正午时分采摘这种豆荚，从中取出四粒豌豆。把这些小豌豆带在身上能够招来好运。要注意只有一粒豆子的豆荚，因为英国人认为这样的豆荚也能带来好运。

炸豌豆

在法国和瑞士的某些地方有这样一种风俗，当年结婚的夫妻要炸豌豆送给上门张望的年轻人，有时候也要送给邻居和亲友，这是祝福他们事业兴旺发达。

虽然裂开，但很有用

豌豆虽小，带来幸运的能力不小。在1914—1918年第一次世界大战期间，意大利士兵把三粒豌豆碎成三片，分别放在制服的三个口袋里，以此保护自己在战争中平安。至于裂开的豌豆荚，美国人视之为宝贵的幸运物。他们把这些豌豆放在皮包或钱包里，保佑自己从不短缺金钱。

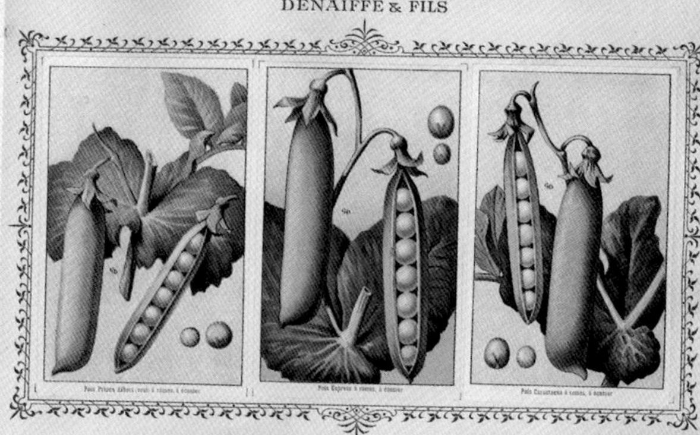

一、二、三、四、五、六、七……又失败了！

带来子女的小豌豆

为了有助于新婚夫妇传宗接代、生活美满幸福，法国人过去向他们头上或住宅前面抛撒豌豆。在斯拉夫国家，豌豆也代表生育，它被认为能够促进怀孕，治疗不孕。在捷克和波兰的某些节日里，有一个人穿着古怪的豌豆秸秆衣服，在人群里走来走去，希望能让所有盼望得子的妇女都能顺利怀孕。

火烧豌豆

豌豆虽小，为人提供幸福却很慷慨。据说在日本，扔一把豌豆到炉膛里，可以保护住宅不遭雷电袭击。我们还将看到，豌豆提供的好运不仅仅这些。

水稻

Oryza sativa L.–禾本科

不仅为了新婚夫妇

植物特征

一年生半水生草本植物；
茎直立或倒伏（浮稻），有节，
节上生长互生细叶；
小花，成小穗，
形成顶生圆锥花序，
长20~30厘米；果实为颖果，
种子紧紧包裹在
两片稃壳里。

可作为食物供人食用，是水稻带来的第一个幸福。

老鼠和大米

大米是很多人的主食。富含营养的大米成为繁荣和富足的象征。穆斯林认为大米是先知穆罕默德洒落地上的一滴汗珠。在下面这个日本传说里，大米也是神圣的。在日本古时候，人民食不果腹，日光地方的和尚能分辨哪些草和根可以吃，以此勉强维生。一天，有个和尚发现一只老鼠正在藏匿几粒不认识的谷物种子。他对这种陌生的种子很感兴趣，便在老鼠的腿上系一根长长的线。凭借这个妙计，他跟踪老鼠来到一个水稻丰盈的遥远国家。这个僧侣采了几棵水稻带到自己的家乡，化解了饥荒。

发现神奇的水稻后，日本人长期把老鼠视为神灵。在住宅里挂老鼠的图像，被认为是灵验的幸运物。

测验新郎新娘是否诚实

人们兴高采烈地向刚刚步出教堂

或市政厅的新婚夫妇抛撒大米，这样有助于让他们早生贵子，并且保护他们免遭巫术和不忠的侵扰。具体来说，撒到新婚夫妇身边、而不是他们身上的大米，能够最有效地为他们消除噩运。不要把这些大米煮熟！你可能觉得很正常，不过我曾经听到一位母亲把这件事情郑重地告诉即将结婚的儿子，让他感到惊愕不已……

干燥的大米更适合年轻夫妇用来完成某种仪式！婚礼一告结束，他们便收集几把落在地上的米粒，用来制作一种婚礼幸运物。如果有女读者愿意动手，可以遵循如下步骤。用一块与婚纱相同的白布，扎成心形布袋，并在上面绣两个象征夫妻的心形图案。把米粒塞进去后，用针线缝好，并在布袋中间缝一条玫瑰色布带。最后只需把这个大米之心存放在房间的柜子里。根据过去的说法，你们夫妻二人将获得完美的幸福。

让所有人享受到的福祉，这是最重要的。

不过这些信息很快将对你毫无用处。因为越来越多的神甫坚决主张取缔这种传统，他们认为世界上很多地方忍饥挨饿，因此这种做法是不合适的……如今，很多人用彩纸屑和布花瓣代替大米，于是这种仪式失去了过去的灵验。

UNE RIZIÈRE (Indo-Chine)

嘘！安静，人们在插秧。

祈求

过去，东方人相信每一棵水稻都拥有一个灵魂，因此他们在稻田里劳作时一言不发，恐怕吓跑水稻里的精灵。他们避免提到死者和妖怪，害怕对将来的收成造成不利影响。即使小心翼翼，缅甸和婆罗洲的农民在有些年份也只能获得很差的收成。于是他们成群结队前往堤岸，祈求稻神重返被他忽视的稻田。

在中国古代，官吏和官兵领取大米作为薪俸。

保佑全家幸福

在家里摆放大米，在很多地方都被认为是一种有益的法术。在印度，父亲们在新生儿的房间撒下米粒，驱赶各种妖怪精灵。在乔迁新居时，更是要用到大米。为了永远避免食物匮乏，毛里求斯的迷信者先在房间或房屋的四角撒几把大米，然后再搬进家具陈设。

德国也有人有相同的迷信，他们搬入新家的第一顿饭要吃大米。在亚洲，节庆的夜晚在家里给僧侣施舍大米斋饭，可以保佑主人在生活和事业上双双获得成功。

染色大米的仪式

东方国家种植的大米是白色的，不过在某些情况下，印度教婆罗门会把大米染成红色，从而

使大米的法力倍增。红色象征火焰和生命能量，而且也与神灵相通。在大米天然具有的有益效力之上，又增加这么多品质，于是染色的大米成为对抗邪眼的强大护身符。因此，把红色大米撒在新婚夫妇或婴儿的头顶，可以驱赶邪祟巫术。为了同样的目的，母亲们把十天左右的婴儿放在五堆大小不一的染色米堆上，让他在上面待一会儿。

在日本，红大米也被认为是儿童的护身符，每诞生一个婴儿，都要煮红米饭为他祈福。米粒的颜色越鲜艳，孩子的未来越光明。

撬开牙关

过去，被认为有罪的印度人要接受毒大米的考验，这些大米在宗教仪式中被公开诅咒。他们吃下这些特别的大米后，惊魂未定地弯下腰按着肚子，承认过失，以免中毒身亡。

来自空中的袭扰

在卡马尔格地区，稻农必须防备大红鹳，它们在空中把稻田看成大片潟湖，扒弄水底想找到食物，却破坏了幼嫩的稻苗……农民们用发出巨响和亮光的火炮吓跑这些烦人的飞禽。

卡马尔格大米，亨利四世引进的美食。

刺槐

Robinia pseudoacacia L.–豆科

罗班之树

植物特征

落叶乔木，高可达25米，
原产于北美洲；互生复叶；
树枝上有三角形、扁平、
尖锐的刺；5月、6月份开白花，
产花蜜，聚成下垂、芳香的花束；
果实为扁平的深褐色荚果。

有点喜欢，还是深爱……

与雏菊的花瓣一样，刺槐树上的小叶也可以一枚枚摘下，猜测爱人对自己的感情到底多深。

弄错了来源

在欧洲，人们经常用“伪金合欢”来称呼刺槐，金合欢与刺槐的叶子、刺和果实都相似。这一误会久已有之，皇家园艺师让·罗班（Jean Robin，1550—1629）似乎种下法国第一株刺槐，他就弄错了刺槐的科属，把它叫作“美洲金合欢”。自然学家林奈在18世纪纠正了这一错误，把它归于刺槐属（Robinia，以纪念罗班）和伪金合欢种（pseudoacacia）。

在这两个树种命名上的困惑，显然造成我们的先人对刺槐品德的景仰。因为在《圣经》里，金合欢是制作保存摩西十诫的约柜的材料，耶稣受刑时头戴的

从1601年种下的第一株刺槐上，分出的两枝新枝长成大树。这两株刺槐一直存活在巴黎，一株在维维亚尼广场，种于1601年，另一株在植物园，种于1636年。

刺槐花可以做煎饼，非常好吃。

桂冠也可能是金合欢的刺做成的。除了把两种树木错误地归为同类，刺槐本身也具有不可否认的品质。它的木质极为坚硬，天然不生蛀虫，不易受潮，几乎不腐，因此成为不灭不朽的象征。

刺尖上的好运

法国最古老的刺槐在巴黎的维维亚尼广场。这株老树种于1601年，高15米左右，靠一副水泥夹板支撑，据说能让人梦想成真。在梅斯附近，人们过去认为家里放一根刺槐树枝可以防雷，不过从刺槐树上拔一根刺也具有同样效力。此外，获得别人赠送刺槐树枝，将很快得到幸福和兴旺。

破衣树

在比利时城市斯塔布鲁格斯（Stambruges），一座小教堂旁有一株刺槐，至今仍然经常有人前来祈祷。病人把自己的衣物（鞋子、衣服、绷带……）挂在树上，希望把疾病转到树身上。

幸运宴会

为了在最吉祥的愿景下开启两个人的生活，上比利牛斯省隆内地方的新人在城里一株巨大刺槐的树冠下摆放宴席，希望给自己带来好运和幸福。

为了杜绝不忠，加拿大人给未婚妻送上一枝开花的刺槐。他们借此要求未婚妻像刺保护白色的刺槐花一样，坚决保护自己的贞节。

芸香

Ruta graveolens L.–芸香科

芸香的律条

提升财运的芸香

如果想找到工作或塞满钱包，吉伦特人在小黑瓶里盛满圣水，然后放在壁炉前。水沸腾后，他们把芸香树枝三次扔到瓶里，一边扔一边祝祷："啊，芸香！美丽的芸香！漂亮的芸香，让每个经过的男人带来金子和银子。"一有男人经过房前，他们就把瓶里的水洒在门槛上。还有一种更加简便的方法可以取得任何事业成功，要求吉伦特人随身携带一枚芸香叶。

植物特征

多年生植物，有恶臭，底部形成灌木，茎为木质；叶常绿，互生，有叶柄，略呈三角形，蓝绿色；花为黄绿色，四瓣，顶生伞状花序，花期为4月到6月；夏季结干蒴果；植物有毒，接触有时可引起过敏。

驱逐巫师

芸香的恶臭气味让它具有驱逐巫师和魔鬼的能力，这种植物一直被特别用于防御邪眼和清洁可能遭到妖术侵扰的地方。用芸香树叶和树枝擦拭地板或撒在地上，可以让一切精灵鬼怪躲得远远的。在衣服扣眼上缀一枚芸香叶，可以祛除一切魔法，在身上擦敷芸香精油同样灵验……

堕胎植物

大量食用芸香可导致堕胎或严重影响健康的中毒。过去有很多绝望中的妇女服食芸香，1921年的一部法规禁止种植芸香。

芸香和司法

在古时候的监狱里，犯人经常感染斑疹伤寒。这种疾病传染性强，犯人提审过堂，有时会传染给法官。1577年，牛津进行"黑审判"期间，法官和所有出席者约有300人，因为感染犯人的热病而在48小时内死亡。为了避免罹

铜板，铜板，满是芸香带来的铜板。

患传染病，有的法庭用芸香叶铺在地上，法庭执达员手持芸香花束。芸香是四盗贼醋的成分之一，在17世纪，图卢兹人凭借这种药剂出入被鼠疫感染的住宅，却能全身而退。不过，19世纪时，人们用芸香防治这种可怕的传染病，却显得完全无效……

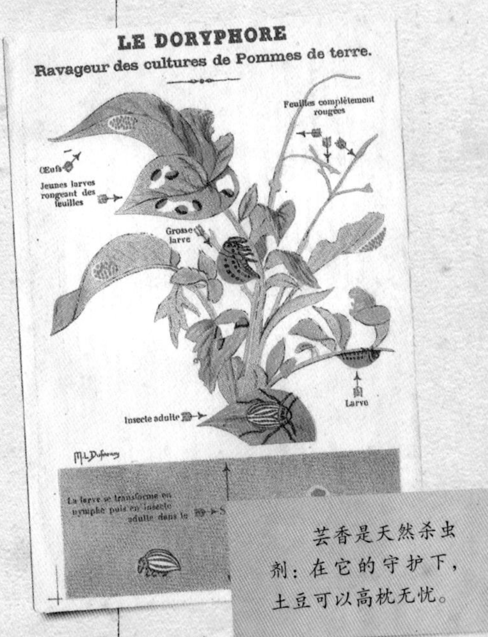

芸香是天然杀虫剂：在它的守护下，土豆可以高枕无忧。

杀虫剂

芸香在菜园和温室中被用于驱除害虫，如马铃薯甲虫、毛毛虫、跳蚤和蚜虫。可以把树叶和枝条摊在地上，也可以在水中浸泡一天制成杀虫水。

小心不要触碰芸香，芸香虽然对某些皮肤病有治疗效果，有时也引发皮炎。

银冷杉

Abies alba L.–松科

幸福之树

屋顶上的天使

它在隆冬时节依然一片绿意，象征永恒的生命。凭借这副吉祥的形象，中国人过去让孩子睡在杉木摇篮里，祝福他们身体健康。在萨瓦省，人们认为杉树能防御雷击和巫术。牧羊人和伐木工砍下一段有五根树枝、形似人手的冷杉，把它挂在房门上。

德国有一个习俗流传至今，在新宅的屋顶放一个绿枝花环或一株冷杉，可以把幸运带给家人。过去，为进行这一仪式，木匠师傅在屋梁上捆一棵饰有彩带的冷杉。他在屋脊上撒些木片和干果，祈求一家富足繁荣，并在祝酒时祝愿全世界的幸福都属于主人家。最后，他轻轻地把酒杯丢到地上或粪堆上。如果酒杯完好无损，那么给新房屋主人的祝福就很可能实现。

圣诞节，年复一年……

最初，冷杉是用红苹果和蜡烛装饰的，象征复苏、富足和光明。对德国人来说，摆在房屋里的冷杉是真正的幸运物，能够免受雷击，用冷杉树枝拍打的衣服对疾病具有免疫作用。

植物特征

高可达50米的乔木；
扁平小针叶，尖端为圆弧形；
4月到5月开花；长形球果，
成熟后干燥鳞片脱落，
9月到10月成熟；
易与云杉和花旗松混淆，
这两种树木虽然一般被认为
与冷杉相似，
却不属于同一种类。

杉树下有一堆礼物，这是第一桩好运。

温度的预兆

俄罗斯人和乌克兰人相信浴室里存在一种名叫巴尼克的易怒小精灵。为了平息它反复无常的脾气，避免它在浴室里散播疾病，制造穿堂冷风，人们把冷杉树枝、一种小肥皂和水献给它。

在平安夜，斯拉夫妇女拿着冷杉树枝到浴室里去。

如果她们感到一阵暖风拂面，那么来年将一切顺遂，然而如果冷风吹来，来年的日子就不好过了……

在吃帝王蛋糕（帝王蛋糕是主显节时候的传统糕点。——译注）之前，别忘了在主显节到来前挪走冷杉，否则一位家人将面临死亡。

爱情的香水

冷杉的针叶的惬意香气和光滑柔嫩，是否让一些东方民族把冷杉和爱情联系在一起？还是在德国，走在婚礼队伍之首的新郎新娘手持一根饰有蜡烛的冷杉树枝，而在德国某些地方，在举办婚礼的房屋前种一株小杉树，象征多子多福。法国也有类似的风俗，在新婚夫妇的屋门前竖起杉木做的凯旋门。

ADVENIAT REGNUM TUUM

LE PELERIN

BUREAUX ET REDACTION 5 RUE BAYARD PARIS VIIIe — TELEPHONE 514-36

L'EPIPHANIE (Dessin de LEMOT, d'après une peinture de FRA ANGELICO.)

花楸

欧亚花楸（*Sorbus domestica* L.）–蔷薇科

触碰花楸木

植物特征

落叶乔木，极少高于15米，棕色树皮；互生复叶，低处的小叶无锯齿；开白色小花，五瓣，成束生长；果实棕色、柔软、成熟后味甜，状如梨子。

一个笼统的名称

当民间传说提到有关花楸的迷信时，极少明确是哪一种花楸（欧亚花楸或欧洲花楸）。后一种与它的“表亲”区别在于所有的叶子都有锯齿，以及落叶后红色小圆果实在树上还挂一段或长或短的时间。

扫帚！

花楸在抵御多种危险方面具有很高的声誉。在康涅狄格州，如果亲人害怕逝者返回生前盘桓之所，他们会在坟墓前种一株花楸以防发生这种阴森瘆人的事情。更多人一致认同，花楸是一种对抗巫术的极佳工具。在苏格兰，牧人用花楸树枝制作的扫帚引导牧群穿过田地。他们认为，这样可以对抗一切想让牲畜中邪的企图。出于同样目的，爱沙尼亚人在每年5月1

延缓衰老的花楸

为了防止早衰，英国康沃尔郡的人们过去佩戴一个用红线缠绕花楸花做成的十字架。

据说花楸木象征不干活。因此当地有一个不怀好意的玩笑，把土伦兵工厂的工人叫作“花楸”。

日让牲口钻过花楸木做的圆圈。这种树木对人也有效果。在苏格兰和斯堪的纳维亚，过去的时候人们认为在脖子上用红绳挂一枝花楸树枝或者在住宅门槛上悬挂花楸树枝，能够赶走恶意的魔法。

花楸被赋予特殊的保护作用，能以一种更为广泛的方式为我们提供保护。因此，美国和英国北部的散步者常常拄一根花楸拐杖走路，以防各种自然和人为灾祸。最后要提到的是，比利牛斯山区的人过去认为，在住宅或田地周围种植花楸，是一个好兆头。花楸能够防御传染病、雷击，甚至击退破坏庄稼的动物。

乡间漫步，总是拄着花楸拐杖。

不好的影响

16 世纪有一种迷信说法，所有曾经被狗咬过的人，哪怕在花楸下站一小会儿，也会重温痛苦。直到 18 世纪，这种迷信仍然盛行于布雷斯地区，因此当时经常砍伐花楸作为预防措施。过去，冰岛航海行会认为用花楸木造船是不吉利的。不过该行会承认花楸木密实坚硬，也会使用花楸木，不过要与柳木和刺柏木一起使用，以抵消其负面影响。

接骨木

西洋接骨木（*Sambucus nigra* L.）– 忍冬科

幸福的浆果

植物特征

落叶灌木，不高于10米，
树枝中空，内含白色髓质；
叶椭圆，有锯齿，由5到7枚小叶
组成；6月开花，伞形花序，
扁平、宽阔、白色，香气浓郁；
果实为绿色小浆果串，
成熟后变成紫黑色。

婚礼上的亡人

当斧斫之时，接骨木迸出红色汁液，因此这种开放美丽小白花的树木在人们的想象中，是森林仙女的居所。为了避免惹怒这些仙女，最好在砍伐接骨木之前取得她们的准许。你可以像安的列斯群岛的克里奥尔人那样，在接骨木前唱歌，让众仙女得以有时间从容离去。

过去，蒂罗尔人把祭品放在接骨木树下以示尊敬，并向它脱帽致敬，可以获得居住其中的仙女青睐。接骨木特别关怀恋爱当中的人的幸福，是卡斯蒂利亚地区新娘新郎的最佳盟友，他们在婚礼当天寻求它的帮助。新郎的母亲和新娘的父亲把接骨木浆果扔到东、南、西、北四个方向，同时喊出逝去先人的名字。而后，他们撮起一些接骨木灰，撒到新人身上，祈求他们吉祥如意。

具有保护作用的树木

鉴于大量迷信传说把接骨木当作保护力最强的植

物，我们只能对它的崇高声望表示景仰。它可以抵御人、动物、神怪和天气造成的侵袭，无所不能！把接骨木种在花园里，就是天然的避雷针，它同样可以驱散针对主人的巫术。任何拥有一小块接骨木的人，都不可能受到巫术的一丁点伤害。

接骨木做成摇篮，可能让可怜的新生儿在室内睡眠不好，甚至摔落地上。

同样，把房屋的锁眼用接骨木细枝堵住，或把结了浆果的接骨木树枝挂在所有的门窗开口处，可以阻止巫术魔法。另一个十分灵验的方法是翻山越岭之时，衣袋里放一块接骨木。西西里人声称，它能保护行人免遭蛇的袭击。还有一些国家的人们相信，使用接骨木手杖的旅人可免猛兽和盗贼侵害之虞。那么问题来了：小偷能否偷走接骨木手杖？

魔火

犹大选择在接骨木树枝上自缢，而且有人相信耶稣受刑的十字架是接骨木做的。这足以让接骨木饱受恶名困扰。法国塔恩省的农民过去会避免燃烧接骨木，因为他们害怕影响母鸡下蛋。英国人认为烧接骨木的后果更加严重：导致魔鬼进屋或一名家人横死。

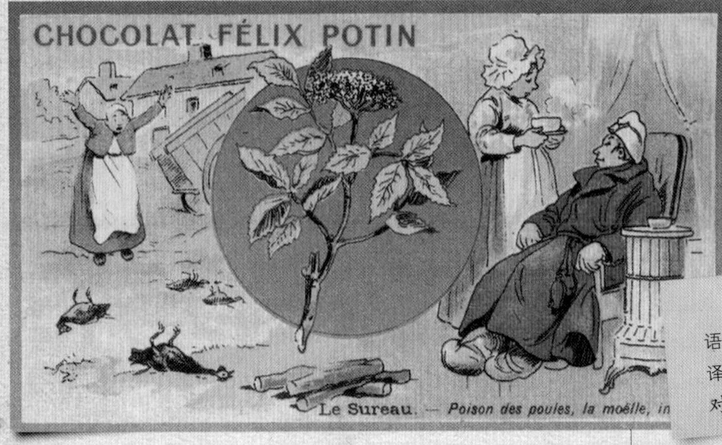

母鸡（poule，在法语中也指妓女或情妇。——译注）的不幸，接骨木对它们来说是毒药。

车轴草

Trifolium sp. L.–豆科

最具有标志性的幸运物

常规之外

正如它的拉丁文名称 Trifolium 所显示的，车轴草通常有三片叶子。拥有更多叶片的品种都是例外情况，包括四叶草都属于所谓的“植物学上的小小畸形”。把大自然的这个美丽的错误用惯常的名称来称呼，造成一个人们习以为常的语言错误。把拉丁文名称逐字分解，我们看到的是“有四片叶子的三叶草……”

法兰西语言的拥趸可以把这种植物称为“四叶车轴草”（trèfle quadrifolié）或“四叶形车轴草”（trèfle quadrilobé），这才是合适的名称。

不过，古老的迷信传说里长着五六片甚至七片叶子的更加珍稀的车轴草究竟是怎么回事？你很可能没有听说过这些大自然的奇异产物，不过有人已经远远超越了这种惊人的创造。

植物特征

草本植物，
叶为椭圆形或长形，
通常由3枚小叶组成，
并由很多白色、
玫瑰色或黄色小花组成花序；
生长于欧洲、亚洲、
美洲和北非的牧场、
草场或草坪。

世界纪录

日本农场主小原繁男（Shigeo Obara）的名字两次出现在《吉尼斯世界纪录》中。这是有原因的！在50年间，他近乎狂热地实施自然杂交，增加白车轴草（Trifolium repens）的叶片数量。2002年5月25日，他拿出一株有18片叶子的车轴草，2009年5月10日，他大大提高了这一纪录，培植出有56片小叶的车轴草。

植物篡位者

近年来，市场上有多种植物被当作四叶草售卖，轻易骗过了大多数购买者。由于每个小枝上都有四片叶子，外形上的相似很有迷惑性。这些仿冒者的真正名字是 Oxalis deppei（四叶酢浆草），绝不属于车轴草家族！车轴草是从种子上发芽长出来的，四叶酢浆草则是从球茎上生长出来的，而且它的所有叶子都包含四片小叶，而有四片小

真实性毋庸置疑

1998 年，一位法国企业家签订排他性协议购买了 450 盆四叶草，它们是法国国家农业研究院（INRA）精心培育出来的。

一位农学家必须花 15 年时间进行选种和杂交，才能再次获得他在研究车轴草农业改良品种过程中偶然发现的一株四叶草。

这种想法并不新鲜，1898 年就有一份杂志讲述，尚贝里的一个居民如何收集一株四叶草的种子来复制这种珍稀植物。20 世纪初，几名园艺学家重新开始这种试验，当时大城市的街头出现售卖四叶草的孩童，只是不知道他们卖的是不是真四叶草。

小心假冒，酢浆草不是车轴草。

叶的车轴草则非常罕见。

低调的明星

四叶草是西方最著名的幸运植物，原因可能在于它的罕见。这一特点是人们纷纷把它捧为“幸运物”的三个原因之一。取得四叶草植物样本的机会非常低，以至于找到这样一株植物可能被视为幸运的信号。在民间信仰中还有另外两个较不为人所知的因素，也可能促成四叶草所具有的象征意义。首先，四叶草的叶片数量及排列，让 17 世纪的法国人联想到十字架。四叶草与十字架同样具有祛除巫术、鬼魂和魔鬼的能力。其次，考虑到英国人把四叶草的起源与天堂联系

苹（Marsilea quadrifolia）也形似四叶草，要小心分辨。

在四叶草的保护下。

右撇子用左手采车轴草是没用的，至于其他人……

在一起，就很好理解具有这些能力的四叶草为什么能传播好运了。它过去又别称“幸福叶”和“好运叶”，透露出这种信仰。

保证灵验

你偶然发现一株四叶草，没头没脑地为自己的好运气感到开心。这其实没有考虑到例外情况，很不幸，幸运物也存在例外情况。

右撇子用左手采四叶草，那么它的功效相当于在新月的初夜或圣约翰节早晨（并且需要禁食）以外的时间采摘四叶草。也不要自作聪明在珍贵的幸运植物旁边插一面小旗子，等到合适的时间再来采摘，因为，只有偶然发现的植物才能带给人恩惠。

一切寄托在别人赠送或购买的四叶草上的希望都是徒劳的。神秘主义作家拉德盖萨（La Deguésah）在 1913 年指出，“具有耐心和敏锐的洞察力、配得上拥有它的人，才能得到四叶草带来的快乐”。不要因此而扫兴，还有人声称，只要赠送者留下植物的茎，送出的四叶草就可以让幸运加倍。

适当的保存方法

“发现四叶草的男人或女人，如能怀着敬意保存，正如福音之所言不虚，

放在所有口袋里

“小马拉科夫还找到一枚四叶草。我把它寄给你。”这段话出自1870年普法战争之初，欧仁妮皇后发给拿破仑三世的电文，显示当时社会最上层人士与农民一样，相信四叶草的幸运能力。

将一生幸福富有。”这段箴言出自15世纪末期的《纺锤福音》(*Évangiles des quenouilles*，这部书出版于1480年，是一部中世纪民间故事集。——译注)，强调必须尊重四叶草，把它放在祈祷书或《圣经》的夹页中晾干。

狂热的爱好！

美国阿拉斯加州的爱德华·马丁保持着四叶草收藏最多的纪录。2007年5月8日，他共有1999年以来采摘的111060枚四叶草。

多种功能

“一叶是名声，
一叶是财富，
一叶是真正的爱情，

还有一叶是健康：

它们都在四叶草之中。”

四叶草所具有的善意功能似乎是无穷的，不过大量迷信传说集中在爱情、金钱和赌博上面，让我们得以窥见四叶草在这三大领域里的出色能力。

爱情

孤独的生活，亲友同情的目光，都让人感到伤心。1898年，萨瓦省的少女若是担心成为老姑娘，就到草地里寻找四叶草，它会保佑她们在当年嫁出去。四叶草还能扮演丘比特的角色，在冷漠的心灵中播撒爱情的感觉。在孚日地区，旧时的心碎男子会在教堂祭台的桌布下放一枚四叶草。羞怯的多情者把这枚四叶草放在花束里，送给他的意中人。

四叶草和爱情……

金钱

我们从“拥有车轴草”“泡在车轴草里”这些熟语里可以看出来，车轴草在过去象征着物质繁荣。用纸牌占卜的时候也显现车轴草的这一象征意义，在此时车轴草代表财运。如果你不相信纸牌算命，想用自己的办法预测未来，那你需要把一枚四叶草放在钱包里。若是这种说法所言不虚，你将很快如愿发财！

赌博

孚日地区的赌徒认为，只要确实拥有四叶草，就可以在赌博中得利，不过

车轴草和赌博，这种植物出现于各种幸福和好运中。

法国其他地区的赌徒却要有意把这种植物护身符放在衣服里。这种众所周知的常见做法让理性的赌博者感到气愤。1772年的《平民、军人和政界风俗法律惯例习俗全书》中反对这种说法："有人认为只要随身带着四叶草，就能逢赌必赢，这真是愚不可及。"

幸好这些人并不知道后来几个世纪里赌徒的习惯，因为他们显然更加狂热。戴·布兰西［Jacques Collin de Plancy（1794—1881），法国作家其作品充满神秘主义内容和天马行空的想象。——译注］声称，在"新月初夜的午夜之后"从绞刑架下采来四叶草，只要随身带着它就能在一切赌戏中得胜。在圣通日，赌红了眼的赌棍并不满足于在绞架下采摘四叶草，他们还会采集一些受刑者的血滴或尿液，用来"浇灌"他们的植物护身符，他们认为这样做会让四叶草变得更加灵验……

不祥的踩踏

如果相信15世纪的一种迷信说法，要小心不能踩到四叶草，因为踩到四叶草的男士会得热病，女士会受欺骗！

马鞭草

马鞭草（*Verbena officinalis* L.）和橙香木（*Aloysia triphylla* *Britton*）–马鞭草科

好运来自天赋

用法简单

只要触碰一枝马鞭草，就能马上感觉到一种快乐和无法言说的幸福。罗马尼亚人相信马鞭草能带来快乐，把浸过马鞭草的水在宴会厅里喷洒。据说把马鞭草放在嘴里，还可以让别人对你产生爱意，或把马鞭草的茎带在身上，就能让小偷无法近身。还有更荒唐的说法，把马鞭草在皮肤上摩擦，就能让我们盼望得到的东西立即出现在眼前！结论就是，只要带着马鞭草，我们就能无往不利！

有毒的礼物……

虽然马鞭草带给主人如此多恩惠，但是仍然存在风险甚至可怕的影响，一定要躲得远远的！例如，英国康沃尔郡传说，出现在夜半时刻的白衣仙女，有时向她遇到的男子赠送一枝马鞭草。草叶的数目就是马鞭草带给获赠者幸福成功的年数。唯一的问题在于，时间一到，接受馈赠的人将不得不把灵魂献给魔鬼！

在德国，一株每年只出现一次的巨大马鞭草让人既垂涎又战栗。想象一下！在 4 月 30 日到 5 月 1 日的夜间，这株马鞭草出现在布罗肯山上，引来众多巫师和魔鬼齐聚争抢。

植物特征

多年生植物，根淡黄色，纺锤状；茎四角形，多枝，中空；开浅蓝色或紫色小花，在分枝顶端聚成紧密的长穗，花期为6月到10月；叶对生，细长，裂片锯齿形；果实由4枚瘦果组成。

马鞭草胜过
名牌运动鞋！

天然兴奋剂

瑞士弗里堡州的牛倌过去有把马鞭草枝绑在绑腿上的习惯，这样做可以让他们在瑞士山区如履平地。滨海夏朗德省的小鬼们也一定听说过马鞭草的大名，因为他们也会这样做，就能不知疲倦地连续几小时走路和跳舞！这或许能启发马拉松运动员，因为在鞋子里放一枝马鞭草可能就感觉不到疲倦了。而且不存在药检呈阳性的危险！

在黎明之前，成功拔下这株沉重的马鞭草并把它背在身上的人将成为世界的主人。当然他必须安全回家！这个地区似乎布满在回家路上被杀的人的尸首……

VERVEINE

情况不妙

很多人知道马鞭草可以成全爱情，比如说，它的香气就能造成无与伦比的诱惑。然而，它的确在一些罕见的情况下可能导致夫妻之间发生争吵。把它磨成粉放在夫妻两人之间，就可能引发争执，甚至导致离婚。在圣母升天节（基督教节日，纪念圣母马利亚升天，天主教会把这一节日定在公历8月15日。——译注）当天收到马鞭草，会让人变得近乎病态地嫉妒……

如果神仙显灵
送你一枝马鞭草，
一定要当心！

幸运物手册

我们总有某一天需要命运的些许眷顾或是一点好运气，来改善我们的日常生活。既然求人不如求己，不如试试制作植物幸运物来求得成功的机会吧！

不管怎么说，“自助者天助之”，这本幸运物制作手册对你来说总没有坏处。最糟的情况也不过是你佩戴某些护身符显得滑稽可笑罢了！不过，更多还是要考虑这本小册子里的秘诀可能带给你好处……

健康

预防传染病

得益于疫苗等预防措施，如今得传染病的人比以往少了。然而在过去，由于严重缺乏有关传染病的知识，每个地区每个村镇都有自己独特的办法对付传染病，效果往往很值得怀疑。

在瓦尔省卡巴瑟镇，居民们过去非常信赖一种简便易行的方法。

首先确定自家住宅有几个房间，然后取同样数量的柠檬。

在每个柠檬的皮上钉入七粒丁香，然后泡在一杯醋里面。

在每个房间放一份这种奇怪的制作物。如果卡巴瑟的老居民所言不虚，那么任何传染病都不会再侵犯贵宅。

远离疾病

众所周知，治病不如防病。为了实践这一原则，比利时人制作一种蔷薇果项链。孩子佩戴这种项链则百病不侵。

出人意料的是，蔷薇果并不是犬蔷薇的果实。每一枚蒴果中包裹数粒带着绒毛的小核，也就是瘦果，才是犬蔷薇的果实。

制作这种有名的项链，须在秋季采集七到十枚蔷薇果。犬蔷薇通常生长于树篱、矮树丛和树林边缘。要小心它的刺！

用一根粗针把小果子穿到棉线上，可以穿插一些植物元素。

完成这件配饰后，还有最困难的事情：说服孩子时刻戴着它，哪怕上学的时候也不能摘下来……至于怎么做到这一点，可没有什么良策！

爱情

好运手链

如果担心婚礼日期因为不愉快的事情而推迟，你可以制作这种幸运手链，打消自己的担忧。

把孜然穿到橡皮筋上，制作两个这样的手链。一条手链戴在未婚妻的左手腕上，另一条戴在未婚夫的右手腕上。不消说，这两条手链要一直戴到两人正式结为神圣的婚姻伴侣。否则，魔法就失效了……

吸引意中人

如果你得不到意中人的喜欢，一种17世纪的方法可能给你带来希望。

这种方法的效果固然无法保证，不过倒是完全无害的。而且，相信我，根据过去的一些经验，效果还真不赖！

在圣约翰节的清晨，空腹在田野里寻找一株土木香。这种多年生植物茎很粗大，开黄花，喜欢生长在阴凉的草地、沟渠或河边。

最好拿一本植物辨别手册，以免把另一种有毒植物错当成土木香。

把它挖出来，从肥厚的块根上切一块下来，它的块根芳香中带着苦涩。用一块布包着块根，一连九天把它放在胸口位置。

九天后，把块根磨成细粉，悄悄掺到意中人的香烟或菜肴里。按照过去的说法，你将很快得到热情的表白。

坚持到婚礼

用于制作啤酒的啤酒花，是一种生长在树篱上、森林边缘以及河边的攀缘植物。

它是快乐和幸福的象征，在中欧地区曾经用于制作花环，未婚夫妇在整个订婚期间都要戴着。他们之所以这样做，是希望彼此直到结婚都能恩爱如初，任何外界因素都无法破坏他们的婚姻。

这些花环是夏天制作的，在夏天你可以采到啤酒花。

采集三根茎，长度在70到80厘米之间，把它们编在一起，以备制作圆环。

把这个辫状物缠在头上，截去多余部分，用一根带绿叶的茎把两端结在一起。

最后，我能做的只有祝你幸福……

金钱

招来财运

有一种奇特的方法，用肉豆蔻来祈求财运亨通。

按照这种方法的步骤，要把一枚肉豆蔻磨成粉。

然后把肉豆蔻粉与绿蜡混合，用锅隔水蒸。把混合物倒入蜡烛模子，冷却。

把蜡烛放在你面前，然后点燃。盯着火焰，在头脑中想象钱财或你想得到的物质财富。

越是平静而放松，你成功的机会就越大。

对钱币收藏者的忠告

欧元问世以前钱币的收藏者真是幸福又幸运，因为他们总是拿得出一张20法郎的钞票，而且仅有此面额有效。

用这张珍贵的纸钞包一枚栗子，不要把钞票弄破。根据迷信的说法，这样做绝对有利可图！

把钞票和栗子整个放在一个小布袋里，随身携带。过去的说法认为，财运很快就会来到你身边。

这种迷信做法完全可以与时俱进，用一张20欧元的纸币来替换原来的法郎，逻辑上来讲，回报也会更加丰厚！

巫术

退散吧……

基督教十字架的象征力量如此强大，以至于过去的人们认为它能驱散各种形式的邪恶势力。每家至少有一件十字架标志来保佑家人。

有些十字架用据称具有有益功能的植物制作而成。过去在鲁西永地区，少女们希望免遭妖女的伤害，习惯于制作如下这种十字架。

圣约翰节的前夜，采集一束迷迭香和一束百里香。把两束花十字交叉放在一起，在中间紧紧捆扎起来。第二天早上出现第一缕阳光的时候，把它挂在住宅大门上。

现在，任何邪恶的生灵都应该无法跨越你家门槛了。

护身香囊

有一种简单而不惹人注意的方法，可以化解不怀好意的魔法。

在春天采摘三朵欧洲白头翁花。这些美丽的多年生植物生长在田野和树林里。

把它们装在一个紫色布做的小香囊里，颜色越接近花瓣颜色越好。

把这件宝贵的护身符贴身佩戴。从此一切巫术都将拿你毫无办法。

对抗巫术

虽然如今巫术不像过去那样普遍，然而对于巫师和符咒邪术的恐惧仍然让很多人股栗。让他们感到安慰的是，我们的祖先知道不少对抗巫术的妙计！在曾经运用的很多方法中，有一种方法虽然持续时间不长，但是观赏性很强，让人感到赏心悦目。它是一种金盏菊边饰。挂在住宅大门的门框上，这种花饰能有效化解巫术。

取烹饪用的线，因为它又细又结实。剪五到七根，各两米长。

用一枚粗针在每根线上穿一串花朵，在每朵金盏菊下小心地打一个结，防止它滑落下来。把几条线垂直并列挂在一根长棍上，把成品悬挂于大门上方。

放心入睡吧，从此以后任何巫师都无法伤害你！至少传说是这样……

保护新生儿

在新生儿死亡率还很高的年代，父母们常常把这种人生的残酷悲剧归罪于邪恶势力：精灵鬼怪或通晓巫术的人类。因此，在孩子出生时常常举行仪式为他祈求平安。在希腊，父母们在家门上悬挂一根草绳，根据孩子的性别还缀上其他东西。

如果想借鉴这种做法，首先要把三根一米长的谷物秸秆编成一根绳子。如果附近找不到这种材料，某些创意商店或互联网商家有草绳出售。

如果是女孩，就在绳子上挂几粒煤块。

如果是男孩，就在绳子上交错悬挂红辣椒和冷杉树枝。

把你的制作品挂在门上，准备好怎么回答未来访客的惊讶的提问吧……

编织小麦之心

为了表达你对某个亲爱之人的感情，有一种心形的幸运物可以为你代言。

截取十枝带着秸秆的青绿小麦（约30厘米长），分为两组。

把每组小麦在麦穗下方用酒椰纤维系住。把小麦散开并且弯折，摆出星形。用小贴纸在每支小麦上按照位置标注数字1到5。

现在开始编织了！

弯折1号麦秆到3号和4号麦秆之间。

取3号麦秆，弯折并穿过4号和5号麦秆之间。

弯折4号麦秆到2号和5号麦秆之间。

弯折5号麦秆到1号和2号麦秆之间。

弯折2号麦秆到1号和3号麦秆之间。

重复上述操作数次，直至得到一个大约10到15厘米的编织物。让小麦余下的秸秆自由散开。

在编织物下方用酒椰纤维系住，把另外五支麦穗制作成同样形状。

用酒椰纤维在麦穗上方把两件编织物系在一起。使整体形成心形，侧边的麦辫略微凸起，然后把未编织的麦秆末端弯折，垂直穿过心形。

把它结实绑起来，满怀良好的心意作为礼物送出。

带来好运的项链

过去，用植物制作的项链屡见不鲜。就像我们所看到的，有些项链具有防病功能。还有的旨在带来好运气。铁线蕨制作的项链就具有此种功能。

这些植物可以在墙缝和石头缝里找到，它们喜欢生长在这些地方。

采下几根铁线蕨的叶柄，串成项链。

经常佩戴这串项链，可以在任何情况下拥有好运气。

丰收娃娃

过去，农民喜欢用最后一束小麦制作丰收娃娃。这个小娃娃在家里摆放一年时间，据说能够为家人带来幸福。无论是不是农夫，你或许都想亲手做一个丰收娃娃给自己带来很多的好运！

采几枚小麦叶，卷成球状。截取十来根40厘米长的干麦秸。

把麦秸弯折，把麦叶球放在折曲处。用酒椰丝线在鼓出处的底部绑住，作为娃娃的脑袋。

制作胳膊，要抽取绑线下面的两根麦秸，左右各一根。略微弯折，让其保持横平。

如有必要，把娃娃的“胳膊”截去多余部分，使其长度与整个身体保持协调。

修剪麦秸的硬底，让其保持水平，稍稍分散，使得娃娃能够站立。

最后整理麦穗，作为裙子。

带来幸福快乐

你知道有一种巫毒娃娃吗？它们线条粗糙，身上扎满了针，目的是让它们所代表的人遭罪。有种幸运物从积极的方面对巫毒娃娃进行效仿，不是为了折磨人，而是为了纯粹的幸福！方法很简单，但对于敏感的心灵来说，可能显得太残酷……

在柠檬树上摘一枚直径不足三厘米的小果实。

在柠檬上扎一套彩头的大头针（不要制造悲伤的黑色）。随便扎！直到看不到果皮为止，告诉自己这是为了好的用途。

这件作品完成后，挂在你的床头或送给你所亲爱的人，别忘了告诉他这件可疑的礼物有什么用。

兴旺发达

作为繁荣富足的象征，小麦在住宅内很受欢迎。把七束麦穗编在一起，悬挂在住宅的大梁上，能够确保家庭成员一周七天，皆无饥馑之虞。如果把十二束麦穗编在一起，家人则可寄希望于一年十二个月食物丰足。

过去，农民用最后收获的麦穗制作很多种丰收麦束，这种植物制品也包括在内。制作这些幸运物需要熟练的手艺，在这本小册子里进行描述会显得过于枯燥无味。

不过，可以借鉴波兰妇女的方法，制作一种幸运物品。

把一些麦粒放在小杯里发芽，把这个小杯放置在颜色各异的三根蜡烛中间。这个小装置能给家庭带来安宁和快乐。

获得短暂的幸福

某些用植物制作的幸运物既吉祥又好看。例如槲寄生浆果制作的胸针，可以给佩戴者带来爱情、财富和名声。

采摘冬天的槲寄生结出的三枚漂亮果子。正确的做法是把它们镶嵌到金子里。不过，也可以用创意商店里购买的金叶覆盖在浆果上。

用一把干燥的小刷子，小心把薄薄的金叶贴到每枚浆果上。

轻轻把贴了金叶的小果子粘在一枚胸针支架上，这种胸针支架你可以在售卖首饰零配件的店铺里买到。

你的首饰做好了。不过要注意，这件幸运物十分脆弱，甚至无法持久，因为浆果脱水后就会干瘪……

在旅途中携带幸福

在过去，徒步旅行十分流行。不过长途跋涉相当冒险，会遇到很多扫兴之事：事故、野兽袭击、强盗……为了消除这些可能发生的麻烦事，徒步旅行者会在手指上戴一枚香桃木戒指，用于防身。这种传

统的产生显然是因为，人们曾经把香桃木的常绿树叶当作永生不灭的象征。如果你想在下次远足的时候试试这种迷信是否奏效，请按照下面的步骤来做。

截取两根香桃木幼条。把它们并排放，然后编成一缕。把这缕细条缠到手指上，牢牢拴在一起，切去多余部分。

按照迷信的说法，你现在就准备好进行无忧的旅行了。

表达祝福

新年第一天的祝福习俗，各地都有不同。在表达祝愿时，有时会赠送特别的礼物。在保加利亚，人们在此时准备山茱萸枝，上面挂着各种物件。孩子们拿着这些树枝拜访各家各户，拍打主人的脊背，祈愿给他们带来幸福。

选择一段山茱萸枝，上面要有一根主枝，旁出三四根侧枝。把侧枝卷成圈形，用铁丝固定在主枝上。装饰物品有红辣椒（寓意男性的生殖力）、爆米花、胡桃、奶油蛋卷（象征生育和收获）、硬币（财富的标志）、羊毛（据说可以保护人们免遭疾病和巫术的伤害），还有增加欢快气氛的彩纸。

现在，你只需要去敲邻居的门，向他们表达最美好的祝愿。不过，要避开那些对传统符咒不感兴趣的人家。

Porte Bonheur

601/2

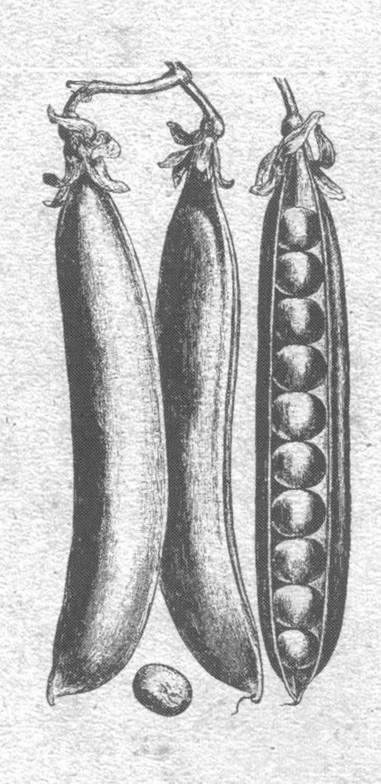

作者简介

韦罗妮克·巴罗生于1969年，20岁前生活在黑山区（Montagne noire）腹地的塔恩省。博览群书，发现大自然中的新鲜宝藏，追寻古老的信仰，在辽阔的传说世界里游历……所有这些都促使她写书分享自己的爱好，除此之外，还通过Mélusine协会（www.melusine11.fr.st）的各种活动——音乐和写作工作室、幻灯展示和展览——推广自己的作品。

爱情、赌戏、健康、金钱、幸福……不要再苦苦求索：幸运植物能帮你解决所有问题！至少神话传说——有的至今仍根深蒂固——赋予它们这些能力，在这部充满魅力的著作中，作者以有趣的方式进行了集中展示。

我要感谢阿梅勒·罗贝尔（Armell Robert）在六月赠送的、来自阿尔卑斯山区的圣诞树。

万分感谢坐落于拉瓦勒特迪瓦的杰出的博杜万植物园的负责人和园艺工作者，他们长期为我敞开大门，让我在那里拍摄了大量照片。

——塞尔日·沙

图书在版编目 (CIP) 数据

幸运植物 /（法）韦罗妮克 · 巴罗著；张之简译. -- 北京：生活 · 读书 · 新知三联书店，2018.9
（植物文化史）
ISBN 978-7-108-06018-1

Ⅰ. ①幸… Ⅱ. ①韦… ②张… Ⅲ. ①植物 – 普及读物 Ⅳ. ① Q94-49

中国版本图书馆 CIP 数据核字 (2017) 第 196719 号

策划编辑　张艳华
特邀编辑　李　欣
责任编辑　徐国强
装帧设计　张　红
责任校对　夏　天
责任印制　徐　方
出版发行　生活 · 讀書 · 新知 三联书店
（北京市东城区美术馆东街22号）
邮　　编　100010
经　　销　新华书店
图　　字　01-2017-5922
网　　址　www.sdxjpc.com
排版制作　北京红方众文科技咨询有限责任公司
印　　刷　北京图文天地制版印刷有限公司
版　　次　2018年9月北京第1版
2018年9月北京第1次印刷
开　　本　720毫米 × 1000毫米　1/16　印张 11
字　　数　100千字　图 227幅
印　　数　0,001-8,000册
定　　价　68.00元

（印装查询：010-64002715；邮购查询：010-84010542）